Java 语言程序设计实用教程
（第 3 版）

主　编　陈艳平

副主编　董　明　黄　诚　尚　晋

北京理工大学出版社
BEIJING INSTITUTE OF TECHNOLOGY PRESS

内 容 简 介

本书从 Java 程序开发必备的能力出发，将教学内容分为三个部分，即语言基础、技术基础和技能基础，书中所有章节依次贯穿这三个部分。每一章均按照相应知识点储备、案例分析、任务训练、知识拓展、思考与练习等环节进行组织。书中案例以通俗易懂、实用为原则，在组织形式上通过任务驱动、效果演示来激发学生兴趣，从而将知识融入任务之中。书中内容涵盖了 Java 语言概述、数据类型与运算符、流程控制结构、数组与字符串、面向对象程序设计、异常处理、输入/输出及文件处理、多线程、常用实用类、数据库编程等。

本书注重理论与实践的统一，以实用案例为载体，按照任务驱动的方式进行编排。全书内容充实、案例易懂、讲解清晰，能使初学者在短时间内掌握 Java 的核心概念与技术。本书既可以作为计算机类专业及相关专业的教材，也可供广大计算机爱好者阅读和参考。

版权专有　侵权必究

图书在版编目（C I P）数据

Java 语言程序设计实用教程 / 陈艳平主编. -- 3 版. -- 北京 ：北京理工大学出版社，2023.1
ISBN 978 - 7 - 5763 - 1921 - 7

Ⅰ. ①J… Ⅱ. ①陈… Ⅲ. ①JAVA 语言 - 程序设计 - 教材 Ⅳ. ①TP312.8

中国版本图书馆 CIP 数据核字（2022）第 240351 号

出版发行 / 北京理工大学出版社有限责任公司
社　　址 / 北京市海淀区中关村南大街 5 号
邮　　编 / 100081
电　　话 /（010）68914775（总编室）
　　　　　（010）82562903（教材售后服务热线）
　　　　　（010）68944723（其他图书服务热线）
网　　址 / http：//www.bitpress.com.cn
经　　销 / 全国各地新华书店
印　　刷 / 涿州市新华印刷有限公司
开　　本 / 787 毫米 ×1092 毫米　1/16
印　　张 / 17.5　　　　　　　　　　　　　　　　责任编辑 / 王玲玲
字　　数 / 412 千字　　　　　　　　　　　　　　文案编辑 / 王玲玲
版　　次 / 2023 年 1 月第 3 版　2023 年 1 月第 1 次印刷　责任校对 / 刘亚男
定　　价 / 75.00 元　　　　　　　　　　　　　　责任印制 / 施胜娟

图书出现印装质量问题，请拨打售后服务热线，本社负责调换

前　言

　　党的二十大报告指出"加强基础学科、新兴学科、交叉学科建设"，新一代信息技术产业作为战略性新兴产业之一，掌握 Java 技术是必备要求。Java 语言是流行的一种网络编程语言，它的安全性、平台无关性等特点给编程人员带来了一种崭新的设计理念。如今很多的流行技术，例如 Android 技术等，都和 Java 语言有着直接的联系，可以说，学好 Java 语言是成为一个优秀的软件开发工程师的基本要求。

　　Java 语言程序设计是高职高专计算机类专业的核心课程之一。为适应 IT 行业的迅速发展和课程改革的迫切需要，本书作者与企业专家双元开发，结合工业与信息化部职业资格认证，以任务为载体，以知识全面、难度适中、技术实用为目标编写本书。

　　本书从 Java 程序开发必备的能力出发，根据技术的发展和学生认知规律，将教学内容分为三个部分：语言基础、技术基础和技能基础。书中所有章节均按照相应知识点储备、案例分析、任务训练、知识拓展、思考与练习、学习评价等环节进行组织。每一章节中的案例编写以通俗易懂和实用为原则，组织形式上通过任务驱动、效果演示来进行，吸引学生的思考，激发学生的兴趣，将知识融入任务中。本书能很好地指导学生进行实践，有利于学生理解和巩固知识，并在实践中培养技术应用能力。

　　本书由重庆航天职业技术学院陈艳平担任主编，重庆航天职业技术学院董明、黄诚及重庆师范大学尚晋担任副主编。具体编写分工为：陈艳平编写第 1～5、10 章，尚晋编写第 6章，董明编写第 7～8 章，黄诚编写第 9 章。本书在编写过程中，得到了重庆夏特科技有限公司涂锋先生的技术指导，在此表示衷心的感谢。

　　本书是重庆市精品在线开放课程的配套教材，配套的电子教案、课件、课程标准、源代码、试题样卷、开发环境软件等素材，可通过登录北京理工大学出版社网站的下载专区免费下载或通过在线开放课程网址（https://www.xueyinonline.com/detail/227905192）或扫描本书二维码进行观看，也可通过邮件联系编者（htdbteam@163.com）进行索取。

　　本书第 3 版对内容做了调整，第 1 章的开发环境 JDK 与 Eclipse 变更为最新版本；每一章增补了学习评价版块；原第 9 章图形用户界面更换成第 9 章常用实用类；新增视频数累计达 72 个；按照党的二十大报告中指出的"全面贯彻党的教育方针，落实立德树人根本任务，培养德智体美劳全面发展的社会主义建设者和接班人"，每一章增补了学习评价版块，实现素质考核。

　　由于编者水平有限，书中疏漏之处在所难免，敬请读者批评指正。

编　者

目　　录

第1章

Java 语言概述

【知识点】程序设计语言分类；Java 特点；Java 实现机制；Java 的体系结构；集成开发环境 Eclipse。

【能力点】理解 Java 实现机制；安装并掌握开发工具 JDK；掌握搭建集成开发环境 Eclipse；熟练运用集成开发环境 Eclipse 编写 Java 程序。

【学习导航】

Java 语言是 Sun 公司于 1995 年推出的面向对象程序设计语言，它集安全性、平台无关性等特性于一身。在网络的发展和智能技术的冲击下，Java 语言得到了更广泛的应用。本章内容在 Java 程序开发能力进阶必备中的位置如图 1-0 所示。

图 1-0 本章学习导航

1.1 软件开发基础

学习程序设计语言之前，需要对软件运行原理有所理解，并对软件开发过程有所了解，这对于初学者尤为重要。

微课：软件开发
基础

1.1.1 软件运行原理

计算机是人类 20 世纪最伟大、最重要的发明之一，其伟大之处就在于它能够以惊人的效率和前所未有的智能化来辅助人们更好地完成认识自然和改造自然的工作。它是有史以来第一种能够完成真正意义上的复杂的"学习"功能的机器，这就使得它具有了某种更接近人类的"思考"能力；与此同时，计算机所特有的超人的计算能力可以把人们的工作效率和生产效率提升成千上万倍，从而把人从最直接、最原始的生产第一线上解放出来，转而从事使用和操纵计算机的工作。

计算机是由不同部分组成的非常复杂的系统，如果把它比作是一项工作，硬件工程师将负责其身体各部分健康、完好；软件工程师将教会它如何学习和工作；计算机的操纵人员将向这个身体健康并学有所长的"工人"布置任务并监督其保质保量地完成。换句话说，计算机由硬件工程师赋予生命，由软件工程师注入灵魂，并最终在千千万万的操作人员手中发挥威力和作用。计算机由控制单元、算术逻辑单元、内存单元、输入单元、输出单元和外存单元组成。计算机的基本原理是存储程序和控制程序，开发人员预先把指挥计算机如何进行操作的指令序列（称为程序）和原始数据通过输入设备输送到计算机内存储器中。每一条指令中明确规定了计算机从哪个地址取数，进行什么操作，然后送到什么地址去等步骤。软件在运行之前将指令保存到内存中的过程称为内存加载或调入内存，这个内存加载的步骤是由 CPU 执行的。加载成功之后，CPU 将从内存中依次取出该软件程序的每一条指令并顺序执行。在执行过程中，CPU 可能需要内存中这个软件或其他软件的数据，可能需要调动输入、输出单元完成输入、输出操作，也可能要调度它的软件指令配合工作。这一切，都取决于开发人员事先编写好并已经加载到内存中的程序指令。计算机系统软件运行的基本原理如图 1-1 所示。

图 1-1　计算机工作原理图

程序设计语言是软件开发人员与计算机进行沟通和交流的工具，是计算机能够识别的语言。只有掌握了程序设计语言，软件开发人员才能指挥计算机按照自己的意志完成种种复杂的工作。

1.1.2 软件开发流程

由于软件系统被划分成操作系统软件、系统软件和应用软件，从事软件开发的人员也进行了相应的分工。操作系统软件是硬件裸机和其他软件或用户之间的必由接口，它的性能将决定整个计算机系统的性能，所以其开发要求很高，需要精深的专业知识与技能，正因如此，相应的从业人员也最少。系统软件是操作系统软件和应用软件之间的接口，从事系统软件开发一方面需要开发人员对操作系统有足够深入的了解，以便能充分利用操作系统提供的服务；另一方面，系统软件自身也需要为其上的应用软件提供方便、充分的服务，使应用软件可以不必了解操作系统的细节而直接使用系统软件的功能。从事系统软件开发的人员也较少。应用软件针对某个具体问题或实体，所以功能的专用性最强，软件间的差异性最大，开发的需求量最大，从业人员的人数也最多。开发操作系统软件或系统软件多注重于软件的性能、效率，而开发应用软件则注重用户的需求，即充分研究应用软件的最终用户和操作者希望这个软件具有何种功能，能解决何种问题，并在明确需求的基础之上再去寻找一个能满足这个需求的解决方案：是直接将系统建筑在操作系统之上，还是寻找一个合适的系统软件作为基础，选择何种计算结构等。无论何种情况，开发人员都需要对即将研发的应用软件所立足的基础层次有足够的了解，并掌握这个层次的相应开发工具，为此，需要对软件开发流程有所了解。

软件开发流程（Software Development Process）即软件设计思路和方法的一般过程，包括设计软件的功能和实现的算法和方法、软件的总体结构设计和模块设计、编程和调试、程序联调和测试以及编写、提交程序。软件开发流程如图 1-2 所示。

图 1-2　软件开发流程

1. 需求调研分析

①相关系统分析员和用户初步了解需求，然后用 Word 列出要开发的系统的大功能模块，以及每个大功能模块有哪些小功能模块。对于有些需求比较明确的相关界面，在这一步里面可以初步定义好少量的界面。

②系统分析员深入了解和分析需求，根据自己的经验和需求用 Word 或相关的工具再做出一份系统的功能需求文档。这次的文档会清楚地列出系统大致的大功能模块，大功能模块有哪些小功能模块，并且还列出相关的界面和界面功能。

③系统分析员和用户再次确认需求。

2. 概要设计

首先，开发者需要对软件系统进行概要设计，即系统设计。概要设计需要对软件系统的设计进行考虑，包括系统的基本处理流程、系统的组织结构、模块划分、功能分配、接口设计、运行设计、数据结构设计和出错处理设计等，从而为软件的详细设计提供基础。

3. 详细设计

在概要设计的基础上，开发者需要进行软件系统的详细设计。详细设计需要描述实现具体模块所涉及的主要算法、数据结构、类的层次结构及调用关系，需要说明软件系统各个层次中的每一个程序（每个模块或子程序）的设计考虑，以便进行编码和测试，还应当保证软件的需求完全分配给整个软件。详细设计应当足够详细，使开发者能够根据详细设计报告进行编码。

4. 编码

在软件编码阶段，开发者根据《软件系统详细设计报告》中对数据结构、算法分析和模块实现等方面的设计要求，开始具体的程序编写工作，分别实现各模块的功能，从而实现对目标系统的功能、性能、接口、界面等方面的要求。

5. 测试

测试编写好的系统。交付给用户使用，用户使用后逐一地确认每个功能。

6. 软件交付准备

在软件测试证明软件达到要求后，软件开发者应向用户提交开发的目标安装程序、数据库的数据字典、《用户安装手册》、《用户使用指南》、需求报告、设计报告、测试报告等双方合同约定的内容。《用户安装手册》应详细介绍安装软件对运行环境的要求、安装软件的定义和内容、安装软件在客户端和服务器端及中间件的具体安装步骤、软件安装后的系统配置。《用户使用指南》应包括软件各项功能的使用流程、操作步骤、相应业务介绍、特殊提示和注意事项等方面的内容，在需要时还应举例说明。

7. 验收

用户验收。

1.1.3 程序设计语言

程序设计语言是能够被计算机和编程人员双方所理解和认可的交流工具。当软件开发人员希望计算机完成一件工作，或解决一个问题时，他（她）首先需要把这个问题的实质彻底研究清楚，确定解决问题的方法和步骤；然后再把这个方法和步骤用计算机能够理解和执行的程序设计语言表述出来，形成一组语句的集合，即程序。

程序设计语言并不唯一，在计算机技术发展的 50 年中，先后形成了数百种不同的程序设计语言。按照其发展历史，程序设计语言按其级别可以划分为机器语言、汇编语言、高级语言和第四代语言四大类。

1. 第一代语言（机器语言）

机器语言就是计算机的指令系统，用机器语言编写的程序可以被计算机直接执行。由于不同类型计算机的指令系统（机器语言）不同，因而在一种类型计算机上编写的机器语言程序，在另一种类型的计算机上也可能无法运行。机器语言程序全部用二进制（八进制、十六进制）代码编制，人们不易记忆和理解，也难于修改和维护，所以现在已不用机器语言编制程序了。

2. 第二代语言（汇编语言）

汇编语言用助记符来代替机器指令的操作码和操作数，如用 ADD 表示加法、SUB 表示减法、MOV 表示传送数据等。这样就能使指令使用符号表示而不再使用二进制表示。用汇编语言编写的程序与机器语言程序相比，虽然可以提高一点效率，但仍然不够直观简便。

3. 第三代语言（高级语言）

高级语言是面向用户的、基本上独立于计算机种类和结构的语言。其最大的优点是：形式上接近于算术语言和自然语言，概念上接近于人们通常使用的概念。高级语言的一个命令可以代替几条、几十条甚至几百条汇编语言的指令。因此，高级语言易学易用、通用性强、应用广泛。从描述客观系统来看，程序设计语言可以分为面向过程语言和面向对象语言。

（1）面向过程语言

以"数据结构＋算法"程序设计范式构成的程序设计语言，称为面向过程语言。前面介绍的程序设计语言大多为面向过程语言。

（2）面向对象语言

以"对象＋消息"程序设计范式构成的程序设计语言，称为面向对象语言。目前比较流行的面向对象语言有 Delphi、Java 和 C＋＋等。

4. 第四代语言（简称 4GL）

4GL 是非过程化语言，编码时只需说明"做什么"，不需描述算法细节。数据库查询是 4GL 的典型应用。用户可以用结构化查询语言（SQL）对数据库中的信息进行复杂的操作，如用户只需将要查找的内容在什么地方、根据什么条件进行查找等信息告诉 SQL，SQL 将自动完成查找过程。第四代程序设计语言是面向应用，为最终用户设计的一类程序设计语言。它具有缩短应用开发过程、降低维护代价、最大限度地减少调试过程中出现的问题以及对用户友好等优点。

1.2　Java 语言

Java 语言是一种简单的，面向对象的，分布式的，具备解释性、健壮性、安全与系统无关性、可移植性的，高性能、多线程的动态语言。Java 技术具有卓越的通用性、高效性、平台移植性和安全性，广泛应用于 PC、数据中心、游戏控制台、科学超级计算机、移动电话和互联网。在全球云计算和移动互联网的产业环境下，Java 更具备了显著优势和广阔前景。

1.2.1　Java 语言的发展

Java 的前身是 Sun Microsystems 公司开发的一种用于智能化家电的名为"橡树"（Oak）的语言。Oak 语言当时几近失败，直到 1993 年才随着 WWW（万维网）的迅速发展而重现生机。Sun 公司发现可以利用这种技术创造含有动态内容的 WWW 网页，便组织人力对其进行重新开发和改造。1995 年 5 月 23 日，Java 这种定位于网络应用的程序设计语言被正式推出，自那以后，Java 逐步从一种单纯的高级编程语言发展成为一种重要的基于 Internet 的开发平台，并进而带动了 Java 产业的发展和壮大，成为当今计算机不可忽视的力量和重要的发展潮流。

1.2.2　Java 语言的组成

Java 语言由语法规则和类库两部分组成。语法规则确定了 Java 程序的书写规范；类库，或称为运行时库，则提供了 Java 程序与运行它的系统软件（Java 虚拟机）之间的接口。如果把用 Java 语言编写的程序看成是前面讨论过的应用软件，那么 Java 类库就是支持这种应用软件的系统软件的一部分。它实际上是一组由其他开发人员或软件供应商编写好的 Java 程序模块，每个模块通常对应一种特定的基本功能和任务，这样当编写的 Java 程序需要完成其中某一功能的时候，就可以直接利用这些现成的类库，而不需要从头编写。

学习 Java 语言程序设计，也相应地要把注意力集中在两个方面：一是其语法规则，这是编写 Java 程序的基本功；另一个是类库，这是提高编程效率和质量的必由之路，甚至从一定程度上来说，能否熟练自如地掌握尽可能多的 Java 类库决定了一个 Java 程序员编程能力的高低。同时，Java 作为一门网络应用语言，其程序的计算结构相对于以往其他单机上工作的程序也更为复杂。充分了解这些复杂环境和结构，也是对 Java 开发人员的基本要求。

1.2.3　Java 语言的版本

1999 年 6 月，Sun 公司发布 Java 的 3 个版本：

标准版（J2SE – Java 2 Platform, Standard Edition）：提供基础 Java 开发工具、执行环境与 API。

企业版（J2EE – Java 2 Platform, Enterprise Edition）：由 Sun 公司提供的一组技术规格，规划企业用户以 Java2 技术开发、分发、管理多层式应用结构。

微型版（J2ME – Java 2 Platform, Micro Edition）：适用于消费性电子产品，提供嵌入式系统所使用的 Java 开发工具、执行环境与 API。

2005 年 6 月，JavaOne 大会召开时，Sun 公司公布了 Java SE6。此时，Java 的各种版本已经更名，以取消其中的数字"2"：J2EE 更名为 Java EE，J2SE 更名为 Java SE，J2ME 更名为 Java ME。2009 年 4 月 20 日，Sun 公司被 Oracle 公司（甲骨文公司）收购。本书所有内容基于 Java SE 版本。

1.3　Java 开发环境

了解 Java 开发环境是使用 Java 语言编程的第一步，也是学好 Java 语言的基础。目前 Java 开发环境有很多，除 Sun 公司最早提供的免费的 JDK（Java Development Kit，Java 开发工具包）开发环境外，还有常见的 Eclipse、IDEA、MyEclipse 等集成开发环境，但都需要提前安装 JDK 工具包。实际开发基本都是使用集成开发环境，故本节仅介绍在 Windows 10 操作系统下的 JDK 与 Eclipse 的安装与使用。

1.3.1　下载和安装 JDK

JDK 是整个 Java 的核心，包括 Java 运行环境、Java 工具和 Java 基础类库。掌握 JDK 的安装是学好 Java 的第一步。

1. 下载 JDK

Oracle 公司收购 Sun 公司之后，仍然不断推出新的 JDK 版本，目前最新的版本为 JDK 18。可以直接访问下面的网址下载 JDK：

https://www.oracle.com/java/technologies/downloads/

注意：利用搜索引擎（例如百度）搜索"oracle"进入 Oracle 公司主页（https://www. oracle. com），再选择导航栏中的"Products"底部的"Hardware and Software"栏中的"Java"，单击"Java SE"项中的"Download Java now"，也可出现上述网址。

在下载页面，需要根据自己的操作系统选择合适的 JDK，如图 1-3 所示。以最常见的 Windows 操作系统为例来下载 jdk-18_windows-x64_bin. exe，以后均以此版本为例进行讲解。

Linux	macOS	**Windows**		
Product/file description		File size	Download	
x64 Compressed Archive		172.8 MB	https://download.oracle.com/java/18/latest/jdk-18_windows-x64_bin.zip (sha256 ☒)	
x64 Installer		153.38 MB	https://download.oracle.com/java/18/latest/jdk-18_windows-x64_bin.exe (sha256 ☒)	
x64 MSI Installer		152.26 MB	https://download.oracle.com/java/18/latest/jdk-18_windows-x64_bin.msi (sha256 ☒)	

图 1-3　JDK 下载页面

2. 安装 JDK

下载完成后，就可以安装 JDK 了。安装 JDK 的操作步骤如下：

①双击下载的 JDK 安装文件"jdk-18_windows-x64_bin. exe"，即可进入 JDK 安装向导界面，如图 1-4 所示。

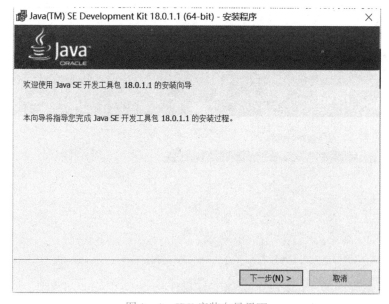

图 1-4　JDK 安装向导界面

②单击"下一步"按钮进入安装 JDK 的目标文件夹界面，如图 1-5 所示。

③单击"下一步"按钮进入安装 JDK 的安装过程，如图 1-6 所示。

④最后会弹出如图 1-7 所示界面，单击"关闭"按钮，即可完成 JDK 的安装。

安装 JDK 18 后，安装目录下并没有 JRE（Java Runtime Environment）Java 运行环境。以下步骤在安装目录下完成 JRE 的添加。

图 1-5　JDK 安装目标文件夹界面

图 1-6　JDK 安装过程

图 1 - 7　JDK 安装成功界面

①在系统下搜索 "cmd"，单击 "以管理员身份运行"，如图 1 - 8 所示。

图 1 - 8　以管理员身份运行 cmd

②进入 JDK 18 的安装路径，安装目录是 C：\Program Files\Java\jdk - 18. 0. 1. 1。

③接着输入 "bin\jlink. exe --module-path jmods -- add -modules java. desktop --output jre"，复制粘贴即可。

④安装完成，如图 1 - 9 所示。

安装好 JDK 与 JRE 后，JDK 目录下的一些文件和文件夹说明见表 1 - 1。

提醒：JDK 安装后，操作系统会自动形成一个存放常用 java. exe 与 javac. exe 等执行文件的目录 "C:\Program Files\Common Files\Oracle\Java\javapath"。考虑后续课程内容的衔接性，此处将继续介绍环境变量的配置。

图 1 – 9　安装 JRE 步骤

表 1 – 1　JDK 目录说明

序号	文件名称	说明
1	bin	存放 JDK 的各种工具命令（javac 和 java 等可执行文件）
2	conf	存放 JDK 的相关配置文件
3	include	存放一些平台特定的头文件
4	jmods	存放 JDK 的各种模块
5	jre	存放 Java 运行环境文件
6	legal	存放 JDK 各模块的授权文档
7	lib	存放 JDK 工具的补充 JAR 包
8	COPYRIGHT	版权说明文档
9	LICENSE	签证的说明文档
10	README. html	JDK 的 HTML 说明文档
11	release	此版本发布内容、版本信息

3. 设置环境变量

JDK 安装成功后，可对操作系统的环境变量进行设置。

①在 Windows 10 操作系统桌面上右击"此电脑"图标，在弹出的快捷菜单中选择"属性"命令，在窗口右侧单击"高级系统设置"，弹出"系统属性"对话框，切换到"高级"选项卡，如图 1 – 10 所示。

图 1 - 10　"系统属性 - 高级"选项卡

②单击"环境变量（N）"按钮，打开"环境变量"对话框，如图 1 - 11 所示。

图 1 - 11　"环境变量"对话框

③在"环境变量"对话框中单击"系统变量"选项组下方的"新建"按钮，在弹出的"新建系统变量"对话框中输入变量名"JAVA_HOME"，用于指定 JDK 的位置，其变量值为"C:\Program Files\Java\jdk-18.0.1.1"，即 JDK 的安装目录，如图 1-12 所示，然后单击"确定"按钮即可。

图 1-12 "新建系统变量"对话框

④按照同样的方法新建系统环境变量"CLASSPATH"，用于 Java 加载类（Class 或 lib）的路径，其变量值为". ;%JAVA_HOME%\lib"，其中"."不能少，表示当前目录。单击"确定"按钮完成设置，如图 1-13 所示。

图 1-13 新建 CLASSPATH 系统变量

⑤在"系统变量"选项组中选择 Path 选项，用于安装路径下识别 Java 命令。并单击其下方的"编辑"按钮，弹出"编辑环境变量"对话框，单击"新建"按钮，在当前变量值的基础上增加"%JAVA_HOME%\bin"，如图 1-14 所示。

图 1-14 编辑 Path 系统变量

⑥安装并配置好 JDK 之后，同时按下 Win + R 组合键，弹出运行窗口，输入"cmd"命令后打开 DOS 窗口。分别输入"Javac - version"和"Java - version"命令，如果能看到如图 1 - 15 所示的提示信息，则说明安装正确，否则需要重新设置环境变量。

图 1 - 15　javac 与 java 命令提示信息

1.3.2　下载和安装 Eclipse

Eclipse 是一个开放可扩展的集成开发环境，不仅可用于 Java 桌面程序的开发，通过安装开发插件，也可以构建 Web 项目等的开发环境。Eclipse 是开放源代码的项目，可以免费下载。

1. 下载并安装 Eclipse

①在 Eclipse 的官方网址 http://www.eclipse.org 首页上找到下载栏目，下载基于 Windows 操作系统的最新版本 eclipse - inst - jre - win64. exe。

②双击"eclipse - inst - jre - win64. exe"，会弹出 eclipseinstaller 安装界面，如图 1 - 16 所示。

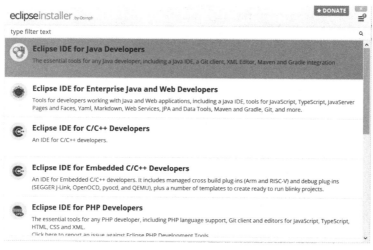

图 1 - 16　eclipseinstaller 安装界面

③选择"Eclipse IDE for Java Developers"，单击后弹出 INSTALL 界面，如图 1 - 17 所示。

④单击"INSTALL"按钮后，会出现安装界面，提示正从 Eclipse 官网下载并安装，如图 1 - 18 所示。

图 1 – 17　Java Developers 安装界面

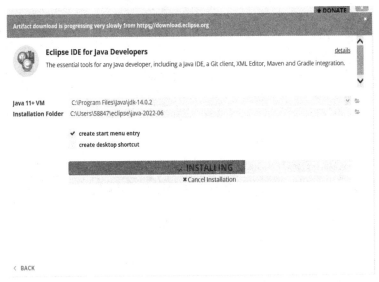

图 1 – 18　Java Developers 安装过程

⑤安装结束后，会弹出如图 1 – 19 所示对话框，表示安装成功。

2. Eclipse 界面说明

在安装目录下单击"eclipse. exe"或者在"开始"程序中单击"Eclipse IDE for Java Developers"，运行 Eclipse 集成开发环境。在第一次运行时，Eclipse 会要求选择工作空间（workspace），用于存储工作内容（本书选择 D:\JavaDemo 作为工作空间），如图 1 – 20 所示。

选择工作空间后，Eclipse 打开工作空间，如图 1 – 21 所示。转至工作台窗口后，提供了一个或多个透视图，透视图包含编辑器和视图（如导航器），可同时打开多个工作台窗口。

图 1 - 19　安装成功

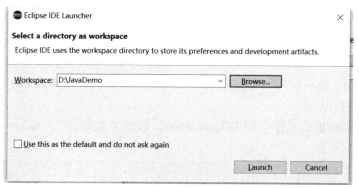

图 1 - 20　Eclipse 选择工作空间

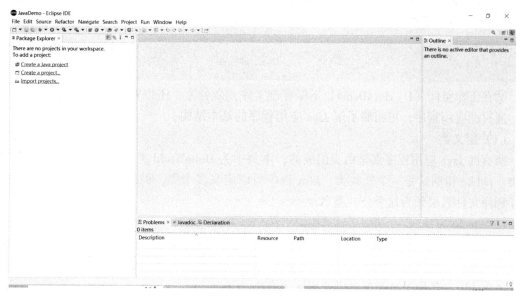

图 1 - 21　Eclipse 工作台

Eclipse 工作台由几个被称为视图（view）的窗格构成，窗格的集合称为透视图（perspective）。Java 透视图包含一组更适用于 Java 开发的视图。

该工作台有一个便利的特性，可自定义工作台，方法是使用"Window"菜单下的"Reset Perspective"（复位透视图），将布置还原成程序初始状态；也可以从"Window"菜单下的"Show View"（显示视图）中选取一个视图来显示。

1.4 第一个 Java 程序

Java 程序分为两种类型：Java 应用程序（Java Application）和 Java 小应用程序（Java Applet）。Java Application 可以独立运行；Java Applet 不能独立运行，可以使用 appletviewer 或其他支持 Java 的浏览器运行。无论哪种 Java 程序，都用扩展名为 .java 的文件保存。

1.4.1 命令方式开发第一个 Java 应用程序

1. 编写源程序

【例 1-1】编写 Hello World.java 文件。

Java 源程序是以".java"为后缀名的文本文件，可以用各种 Java 集成开发环境中的源代码编辑器来编写，也可以用其他文本编辑工具编写。本例采用 Windows 操作系统自带的"记事本"程序进行编写。

①选择上节所创建的工作空间 D:\JavaDemo。启动"记事本"，编写一个简单的程序，代码如下：

```
public class HelloWorld{                              // 定义类
    public static void main(String args[]){           //main 方法
        System.out.println("HelloWorld"); //显示输出数据
    }
}
```

②在工作空间（D:\JavaDemo）下保存该文件，命名为"HelloWorld.java"。

通过此应用程序，可粗略了解 Java 应用程序的基本结构。

（1）定义类

所有的 Java 应用程序都是由类组成的，本例中为 HelloWorld 类。用关键字 class 来声明新类，public 指明这是一个公共类，Java 程序可以定义多个类，但最多只能有一个公共类，Java 程序文件名必须为这个公共类名。

（2）main 方法

Java 应用程序的公共类中必须有且仅有一个 main() 方法，并且必须用 public、static、void 限定。

- public：指明所有类都可以使用这个方法。
- static：指明本方法是一个类方法，可以通过类名直接调用。

- void：指明本方法没有返回值。
- String args[ ]：指明是传递给 main( )方法的参数，参数名为 args，String 是参数类型，[ ] 表示是一个数组，可接收 1 个或多个参数，多个参数之间可用空格隔开。
- println：指明是 main( )方法中的输出语句，用来实现字符串的换行输出。

（3）注释

在 "//" 符号后的一行内容为注释，详见 2.5.2 节的注释介绍。

> **提醒:**Java 程序编写的基本规范:
>
> ①Java 是区分大小写的语言,关键字的大小写不能搞错,如果把 class 写成 Class 或者 CLASS,都会导致出错。
>
> ②在一个类的内部不能定义其他的类,即类和类之间是平行而非嵌套的关系。
>
> ③一个程序中可以有一个或多个类,但是其中只能有一个主类。不同类型的 Java 程序,其主类的标志是不同的。
>
> 例 1-1 中的程序属于 Java Application,这类 Java 程序中的主类标志是包含一个名为 main 的方法,在例子中,main 是程序中唯一类的唯一的方法,这个类 HelloWorld 就是程序的主类。
>
> ④源程序编写好之后,应该以文件的形式保存在硬盘上,称为源程序文件,或称为源文件。
>
> 这里需要注意,这个源文件的名字不是随便取的,它必须与程序的主类名一致,并且以 java 为其后缀。所以例 1-1 中的源文件应命名为 HelloWorld.java。

2. 编译生成字节码文件

高级语言程序从源代码到目标代码的生成过程称为编译。Java 的编译程序是 javac.exe，javac 命令将 Java 程序编译成字节码（扩展名为 .class）。在命令行下编译 HelloWorld.java，编译成功后，会返回到命令提示符状态。

3. 运行 Java 程序

Java 应用程序是由独立的解释器程序来运行的。在 JDK 软件包中用来解释执行 Java 应用程序字节码的解释器程序为 java.exe。在命令提示符下执行已经编译好的 HelloWorld.class 的界面如图 1-22 所示。

图 1-22　编译与运行过程

提醒:在命令提示界面下常用的 DOS 命令功能如下:

cd　目录名:进入特定的目录;

cd\　退回到根目录;

cd..　退回到上一级目录;

cls　清除屏幕。

1.4.2　在 Eclipse 环境中开发第一个 Java 应用程序

1. 新建 Java 项目

依次选择菜单"File（文件）"→"New（新建）"→"Java Project（Java 项目）"，新建一个 Java 项目，命名为 study，如图 1-23 所示。

图 1-23　新建 Java 项目窗口

2. 新建 Package 包文件

在 Eclipse 环境中的"Package Explorer（包资源管理器）"中右键单击项目"study"下的"src"节点，依次选择"New（新建）"→"Package（包）"，在 src 文件夹中新建包"chapter01"，如图 1-24 所示。

图 1 – 24　新建包窗口

提醒：以后各章节均在此目录下建立相应的包(chapter02、chapter03 等)。

3. 新建 Class 类文件

①在 Eclipse 环境中的"Package Explorer（包资源管理器）"中右键单击项目"study"下"src"节点的包"chapter01"，依次选择"New（新建）"→"class（类）"，在 chapter01 文件夹中新建类。

②打开"New Java Class（新建类）"对话框，如图 1 – 25 所示。在类名输入框中输入"MyFirstEclipse"，勾选"public static void main（String[ ] args）"，单击"Finish（完成）"按钮完成 Java 类的新建过程。

图 1 – 25　新建类窗口

③系统根据用户的选择自动创建并生成一些程序代码。在 main( )方法中加入，如图 1 – 26 所示。

```
MyFirstEclipse.java ×
 1  package chapter01;
 2
 3  public class MyFirstEclipse {
 4
 5      public static void main(String[] args) {
 6          // TODO Auto-generated method stub
 7          System.out.print("EClipse下的第一个程序! ");
 8
 9      }
10
11  }
```

图 1 – 26　编写源代码窗口

提醒：在 Eclipse 中，可用如下快捷键：
①输入"main"，再按快捷键 Alt + /，按 Enter 键即可得到完整的 main 方法。
②输入"syso"，再按快捷键 Alt + /，会得到 System.out.println();。

4. 编译 Java 程序

编写完成后，保存该程序。在保存的同时，Eclipse 会自动将源程序编译生成字节码文件。如果程序有误，Eclipse 会进行智能提示。

5. 运行程序

在"Package Explorer（包资源管理器）"中，选中"MyFirstEclipse"类节点，单击右键，选择"Run As"→"Java Application"，系统将自动执行该程序，并在控制台上输出"Eclipse 下的第一个程序！"字符串信息，如图 1 – 27 所示。

图 1 – 27　运行结果

提醒：在 Eclipse 中，改变控制台显示字体大小的步骤如下：
步骤 1：单击"Window→Preferences"。
步骤 2：单击"General→Apperance→Colors and Fonts"，输入关键词"console"，然后选中第二个（注意，选择 Debug 中的那个 console）。
步骤 3：进行相应的编辑，保存即可看到效果。
同理，在步骤 2 中选择"Java"，单击"Java Editor Text Font"，可编辑源代码中的字体大小。

> **提醒：**Java 项目文件可通过鼠标右击，选择"导入"（Import）和"导出"（Export）的方式进行目标位置的改变(如计算机变化)。

1.4.3　Java 语言开发过程

通过上述两种方式开发第一个 Java 程序之后，相信读者已经对开发 Java 程序的过程有所了解，不论采用哪种方式，都是将源代码（.java）生成字节码（.class），对于 Java Application应用程序，则是由 Java 解释器负责执行，对于 Java Applet 小应用程序而言，将由浏览器执行。如图 1－28 所示。

图 1－28　Java 程序的开发过程

1.4.4　Java 的体系结构

Java 技术的核心是虚拟机（Java Virtual Machine，JVM）。所有的程序都运行其上，字节码的运行要经过加载代码、校验代码和执行代码 3 个步骤。完整的 Java 体系结构实际上是由 Java 编程语言、.class 文件、Java API 和 JVM 4 个相关技术组合而成的。因此，使用 Java 开发时，用 Java 编程语言编写，然后将代码编译为 Java 类文件，接着在 JVM 上执行类文件。任何装有 Java 虚拟机的计算机系统都可以运行 Java 程序，不论最初开发应用程序的是何种计算机系统，这就使得 Java 语言具有跨平台运行功能。其体系结构如图 1－29 所示。

图 1－29　Java 体系结构

其中，Java 运行环境（Java Runtime Environment）是指 JVM 与 Java 核心类共同构成的 Java 平台，该平台建立在操作系统之上。Java API 是指 Java 应用程序接口（Japplication Program Interface，API）是一些预先定义好的函数，开发人员仅需知道如何用即可，无须知道其内部实现细节。

1.5　案例分析

利用本章所学的 Java 环境完成功能简单的程序。

1.5.1　案例情景——编写 Java Application，换行输出"Hello，同学""欢迎进入精彩的 Java 世界!"

编写一个程序，创建名为 Welcome.java 的应用程序，当程序运行时，控制台显示输出 "Hello，同学""欢迎进入精彩的 Java 世界!"。

1.5.2　运行结果

程序运行结果如图 1-30 所示。

图 1-30　程序运行结果

1.5.3　实现方案

1. 案例分析

在控制台输出"Hello，同学""欢迎进入精彩的 Java 世界!"，利用集成开发环境 Eclipse 完成程序的编写、编译和运行过程。

参考在 1.3.2 节 Eclipse 环境中开发第一个 Java 应用程序的创建步骤，在第 3 步"新建 Class 类文件"中创建如图 1-31 所示的窗口，类名为"Welcome"（勾选"main()"）。

2. 参考程序代码

```java
package chapter01;
public class Welcome {
public static void main(String[] args) {
    System.out.println("Hello,同学");
    System.out.print("欢迎进入精彩的 Java 世界!");
}
}
```

图 1 - 31　新建类图窗口

1.6　任务训练——编写简单 Java 程序

1.6.1　训练目的

（1）掌握 Java 程序编写、编译和运行的基本过程；
（2）掌握 JDK 的安装与配置；
（3）掌握 Eclipse 安装与开发过程；
（4）掌握编写简单 Java 程序的过程。

1.6.2　训练内容

1. 对正文中各段代码完成程序效果的演示。
2. 完成思考与练习中程序的编写与调试。
3. 编写 Java Application 程序，计算 $1 + 2 + 3 + \cdots + 100$。

【程序效果】

$1 + 2 + 3 + \cdots + 100$ 的计算结果为:5050

【解题思路】

（1）$1 \sim 100$ 自然数的求和，可借助 print( ) 方法完成结果的输出；

（2）如何利用程序完成 $1+2+3+\cdots+100$ 操作。

【参考程序】

```
package chapter01;
public class OnetoHundred {
    public static void main(String[] args) {
        int sum = 0;         //变量初始化
        for(int i = 1; i <= 100; i++) {
                sum += i; //sum 变量完成累加求和操作
                }
                System.out.print("1+2+3+…+100 的计算结果为:" + sum);
    }
}
```

1.7　知识拓展

1. 问：虽然安装了 JDK，却不能使用 javac 和 java 命令来运行程序，为什么？

答：出现此类问题的主要原因是没有配置系统环境变量或系统环境变量配置不正确。因此，需要正确配置 JAVA_HOME、CLASSPATH 和 Path 3 个环境变量。

①JAVA_HOME 变量是为了确保系统能正确找到 JDK 的位置。

②CLASSPATH 变量是为了让 Java 编译器能正确找到程序所需的包或类库。

③Path 变量是为了确保系统能找到 JDK 的开发工具 javac 和 java。

2. 问：怎样才能学好 Java 语言？

答：Java 语言作为一门面向对象的编程语言，初学者可能难以理解和应用。但是只要掌握对程序设计的方法，把语言当作人与计算机交流的工具，学好 Java 的常用语法，遇到问题可借助 Java API 的 CHM 文档或者与精通者交流，多读、多看程序，熟能生巧，多在开发环境中练习，阅读多本参考书，利用好网络资源，善于总结与积累，定能有所收获。

思考与练习

一、选择题

1. 下列 Java 源程序结构中 3 种语句的次序，正确的是（　　）。

A. import 必为首，其他不限　　　　　B. import，package，public class

C. public class，package，import　　　D. package，import，public class

2. Java 虚拟机（JVM）运行 Java 代码时，不会进行的操作是（　　）。

A. 加载代码　　　　B. 校验代码　　　　C. 编译代码　　　　D. 执行代码

3. 在 JDK 目录中，Java 程序运行环境的根目录是（   ）。

A. bin   B. demo   C. lib   D. jre

4. 下列对 Java 源程序结构叙述中，错误的是（   ）。

A. import 语句必须在所有类定义之前

B. package 语句允许 0 个或 1 个

C. 接口定义允许 0 个或多个

D. Java Application 中的 public class 允许 0 个或多个

5. Java 程序的并发机制是（   ）。

A. 多线程   B. 多接口   C. 多平台   D. 多态性

二、编程题

1. 编写一个 Java Application 程序，输出自己的学号与名字。

2. 编写 Java Application 程序，输出 6 行由 "＊" 组成的一个直角三角形。

学习评价

评价项目	评价内容	分值	得分
软件开发运行原理	理解程序开发流程及运行原理	10	
Java 环境的安装	掌握 JDK 及常用集成开发环境的安装	30	
编写第一个 Java 程序	掌握开发、调试、运行方法	50	
职业素养	具有规则意识；调试程序耐心与细心	10	
合计		100	

第 2 章
数据类型与运算符

【知识点】常量和变量；基本数据类型；数据类型的转换；运算符；表达式；简单的输入/输出；编程风格。

【能力点】掌握常量和变量的概念；掌握各种数据类型及数据类型的转换；掌握运算符、表达式的使用；掌握基本的输入/输出方法。

【学习导航】

程序是由文档、数据和处理这些数据的算法组成的。数据及其运算是任何一门语言所必需的，Java 语言也不例外。本章内容在 Java 程序开发能力进阶必备中的位置如图 2-0 所示。

图 2-0　本章学习导航

在中小学数学中有整数、小数等概念的存在，那么 Java 作为一门计算机语言，在计算机中如何进行数据的表达和识别呢？为了解决这个问题，Java 语言和别的高级语言一样，引用了数据类型，利用数据类型声明来完成。

2.1　常量、变量与数据类型

数据类型指明了变量或表达式的状态和行为，比如，整数作为一种类型，可以做加、减、乘、除和求余。在程序中使用各种数据类型时，

微课：常量变量与数据类型

其表现形式有两种：常量和变量。

2.1.1 常量

Java 中的常量值是用文字串表示的，分为不同的类型，如整型常量 123，实型常量 1.23，字符常量'a'，布尔常量 true、false 以及字符串常量"This is a constant string."。

与高级语言 C、C++不同，Java 中不是通过#define 命令把一个标识符定义为常量，而是用关键字 final 来实现的，如：

```
final double  PI =3.14159;  //有关 final 的用法见后续章节
```

2.1.2 变量

变量是在程序运行中可变的量，是程序用来保存数据而开辟的内存单元，用标识符来标识。Java 语言对标识符的命名规则如下：

①由字母、数字、下划线或美元符"$"组成的序列，且标识符的第一个字符必须是字母、下划线（_）或$符号，不能以数字开头，而且不能为保留字（系统中已定义的）。

②标识符区分大小写，且具有一定的含义，以增强程序的可读性，如 Student_Name。

③Java 使用的是 16 位的 Unicode 字符集，每个字符占两个字节（16 位），而每个汉字也占用两个字节，因此一个汉字与一个字符长度都为 1。

合法的标识符（变量名）如：myName、value_1、dollar $等。

非法的标识符（变量名）如：2mail、room#、class（保留字）等。

Java 的变量在使用前必须声明，其声明格式为：

〈数据类型名〉〈变量名称〉［，〈变量名称〉］［，〈变量名称〉］［…］；

〈数据类型名〉〈变量名称〉=〈初始值〉；

例如：int a，b，c；

double d1，d2 =0.0；

其中，多个变量间用逗号隔开，d2 =0.0 表示对实型变量 d2 赋初值 0.0。

提醒：①数据类型名可以为任意一种数据类型。

②Unicode 提供了一个标准化的方法来为使用多种语言的文字编码，因为 Unicode 兼容 ASCII，所以 Unicode 被定义为 ASCII 的扩展，程序可以使用 ASCII 字符集。

③关键字（keyword），也称保留字，是 Java 中具有特殊含义的字符序列，见表 2-1。

表 2-1 Java 的关键字

abstract	boolean	break	byte	case	catch	char
class	const	continue	default	do	double	else
extends	false	final	finally	float	for	goto
if	implements	import	instanceof	int	interface	long
native	new	null	package	private	protected	public

return	short	static	strictfp	super	switch	synchronized
this	throw	throws	transient	true	try	void
olatile	while					

2.1.3 数据类型

Java 的数据类型可分为两大类：基本类型（primitive type）和引用类型（reference type），如图 2 - 1 所示。基本类型可以分为布尔型、字符型、整数型、浮点型；引用类型可以分为数组（array）类型、类（class）类型和接口（interface）类型，其中引用类型将在后续章节具体介绍。

数据类型 {
- 基本数据类型 {
  - 数值型 {
    - 整数类型（byte、short、int、long）
    - 浮点类型（float、double）
  }
  - 字符型（char）
  - 布尔型（boolean）
}
- 引用数据类型 {
  - 类（class）
  - 接口（interface）
  - 数组（array）
}

图 2 - 1　数据类型的分类

Java 语言的基本数据类型可以分为四大类：整数类型、浮点类型、字符型、布尔型。其中，整数类型和浮点类型两大类根据长度和精度的不同，还可以进一步划分为 byte、short、int、long、float 和 double 几个具体的类型，见表 2 - 2。

表 2 - 2　Java 的基本数据类型

序号	数据类型	关键字	占用比特数/位	取值范围	默认数值
1	布尔型	boolean	8	true，false	false
2	字节型	byte	8	- 128 ~ 127	0
3	字符类型	char	16	'\u0000' ~ '\uffff'　0 ~ 65 535	'\u0'
4	短整型	short	16	- 32 768 ~ 32 767	0
5	整型	int	32	- 2 147 483 648 ~ 2 147 483 647	0
6	长整型	long	64	- 9.22E + 18 ~ 9.22E + 18	0
7	浮点型	float	32	1.401 3E - 45 ~ 3.402 8E + 38	0.0F
8	双精度型	double	64	2.225 51E - 208 ~ 1.797 7E + 308	0.0D

由表可看出，基本数据类型所占有的比特数和取值范围各不相同，且都有对应的默认数值，下面首先通过一个例子来了解变量与数据类型的使用。

【例 2 - 1】 变量与数据类型的使用。

微课：变量与数据
类型的使用

```
package chapter02;
public class varible
{   public static void main(String[] args)
    {   boolean b1 = true;
        int x = 10;
        char c = 'A';
        float f = 3.14f;
        String str = "This is a constant string!";
        System.out.println("布尔型:" + b1);
        System.out.println("整型:" + x);
        System.out.println("字符型:" + c);
        System.out.println("浮点数据类型:" + f);
        System.out.println("字符串常量:" + str);
    }
}
```

程序运行效果如图 2-2 所示。

```
布尔型: true
整型: 10
字符型: A
浮点数据类型: 3.14
字符串常量: This is a constant string!
```

图 2-2　变量与数据类型程序运行效果

1. 布尔型

布尔型的变量只有两种取值,它们是"true"和"false",分别代表"真"和"假",常常在条件判断语句中用到。下面的三个语句说明了布尔型变量的定义和赋值方法:

```
boolean b1 = true;
boolean b2;
b2 = false;
```

2. 字符型

(1) 字符常量

字符常量是用单引号括起来的一个字符,如 's'、'#'、'A',一个字符用一个 16 位的 Unicode 码表示。有些控制字符不能显示,但 Java 提供了转义字符,以反斜杠(\)开头,将其后的字符转变为另外的含义,表 2-3 列出了 Java 中的转义字符。与 C、C++不同,Java 中的字符型数据是 16 位无符号型数据,它表示 Unicode 集,而不仅仅是 ASCII 集。

表 2-3　Java 中的转义字符及其含义

序号	转义序列	含义	对应于 Unicode 值
1	\'	单引号字符	\u0027
2	\\	反斜杠字符	\u005c
3	\r	回车	\u000d
4	\n	换行	\u000a
5	\t	Tab（制表符）	\u0009
6	\b	退格	\u0008

（2）字符型变量

字符变量占两个字节，即在机器中占 16 位，其范围为 0 ~ 65 535。字符型变量的定义如：

```
char c = 'a' ; / * 指定变量 c 为 char 型,且赋初值为'a' * /
```

字符型变量的取值可以使用字符常量（用单引号括起的单个字符），也可以用整数常数。例如，下面的两个语句的作用完全相同，都表达了 char_A 的值为 A：

```
char char_A = 'A';
char char_A = 65;
```

与 C、C++ 不同，Java 中的字符型数据不能用作整数，因为 Java 不提供无符号整数类型，但是可以把它当作整数数据来操作，例如：

```
int three = 3;
char one = '1';
char four = (char)(three + one);   // four = '4'
```

上例中，在计算加法时，字符型变量 one 被转化为整数进行相加，最后把结果又转化为字符型。

（3）字符串常量

String 不是一个简单的数据类型，而是一个类（class），它被用来表示字符序列，字符本身符合 Unicode 标准。与 C、C++ 相同，Java 的字符串常量是用双引号 "" 括起来的一串字符，如 "This is a string. \n"；但不同的是，Java 中的字符串常量是作为 String 类的一个对象而不是一个数据来处理的。有关类 String，将在后续章节中讲述。

提醒：单引号 ' ' 与双引号 " " 均是在英文状态下。

3. 整型

（1）整型常量

Java 的整型常数有三种形式：

①十进制整数，如 123，－456，0。

②八进制整数，以 0 开头，如 0123 表示八进制 123，即（123）$_8$ 为十进制数 83，－011 表示十进制数 －9。

③十六进制整数，以 0x 或 0X 开头，如 0x123 表示十进制数 291，－0x12 表示十进制数 －18。

整型常量在机器中占 32 位，具有 int 型的值，对于 long 型值，则要在数字后加 L 或 l，如 123L 表示一个长整数，它在机器中占 64 位。

（2）整型变量

整型变量的类型有 byte、short、int、long 四种，以下几条语句分别定义四种类型的变量：

```
byte b;   //指定变量 b 为 byte 型
short s;   //指定变量 s 为 short 型
int i;   //指定变量 i 为 int 型
long l;   //指定变量 l 为 long 型
```

int 类型是最常使用的一种整数类型，它所表示的数据范围为 64 位。但对于大型计算，常会遇到很大的整数，超出 int 类所表示的范围，这时要使用 long 类型。

提醒：①一个整数隐含为整型（int）。当要将一个整数强制表示为长整数时，需在后面加 L 或 l。

②在数据后面直接跟一个字母"L"，表示这是一个 long 型数值。在 Java 编程语言中，L 无论是大写还是小写都同样有效，但由于小写 l 与数字 1 容易混淆，因而避免使用小写。

③在使用整数型变量的时候，要注意其最大和最小取值范围，如果实际取值超过范围，则会出现溢出错误，尤其是在做阶乘的时候。

4. 浮点型（实型）数据

（1）实型常量

Java 的实常数有两种表示形式：

①十进制数形式。它由数字和小数点组成，且必须有小数点，如 0.123、.123、123.、123.0。

②科学计数法形式，如：123e3 或 123E3。其中 e 或 E 之前必须有数，且 e 或 E 后面的指数必须为整数。实常数在机器中占 64 位，具有 double 型的值。对于 float 型的值，要在数字后加 f 或 F，如 12.3F，它在机器中占 32 位，且表示精度较低。

（2）实型变量

实型变量的类型有 float 和 double 两种，在程序中用来代表小数。由于计算机采用浮点来计算小数，因此它们就叫浮点数据类型。也因为这个原因，计算机算出来的小数点后的 n 位（视具体的情况而定），与实际的数值总是会有一定的误差。它只会去尽量地接近，所以位数越多越精确。float 是 32 位，一般情况下能表示的范围足够大；如果不够，则只能用

double 型了。这两种类型所占内存的位数及其表示范围见表 2 – 2。

双精度类型 double 比单精度类型 float 具有更高的精度和更大的表示范围，因此使用较多。如果常数后面有一个 'd' 或者 'D'，那么就表示该常数是 double 型的。实型变量赋值的时候，应该这样写：

```
float f = 3.14f;   //指定变量 f 为 float 型
double d = 3.14d;   //指定变量 d 为 double 型
```

当指定浮点运算值时，其默认类型为 double，故 float f = 3.14 是错误的；要将 3.14 指定为 float，需要在数值的后面加上 F 或 f。

2.1.4　数据类型的转换

微课：数据类型
的转换

Java 是一种强类型的语言，在赋值和参数传递时，都要求类型的匹配。常数或变量从一种数据类型转换到另外一种数据类型的过程，即为类型转换。类型转换有三种情况：隐含类型转换（自动转换）、强制类型转换和类方法转换。

1. 隐含类型转换

隐含类型转换（自动类型转换）在赋值和计算时由编译系统按一定的优先次序自动完成。一般低精度类型到高精度的默认类型转换就是由系统自动转换的。例如，从 char 型转换到 int 型，从 int 型转换到 long 型，都是机器可以自动执行的，例如：

```
int i = 5;
long j = i;
```

提醒：①自动类型转换的优先顺序：

byte，short，char→int→long→float→double

②隐含类型转换（自动转换）就好比把小盒子放到大盒子中一样，可以很自然就放进去。

2. 强制类型转换

强制类型转换是自动转换的逆转换。高精度类型转换到低精度的时候，需要用（数据类型）变量名来强制转换，它由程序员编程决定，编译系统执行。强制类型转换通常都用赋值语句来实现。

注意：高位转换为低位的时候，数据的范围要在低位范围内，例如不能将一个很大的整数 300 000 转化 char 型，因为它超过了 char 范围（65535）。

强制类型转换举例说明如下：

```
float f = 3.14f;
int i = (int)f;   //i 的值为 3
```

```
long j = 5;
int i2 = (int)j;    //i2 的值为 5
```

对于运算过程中不同数据类型的数据，系统会默认地把其中较短的一个转换成较长的一个的类型再进行计算，从而引起类型转换。例如：

```
int i2 = 50000000;
long j2 = i2 * 100;
```

最终却得不到希望的结果 5 000 000 000，原因在于 i2 是整型变量，100 也是整型常数，运算后的结果已经被截断，再将其转换成长整型已无用。要得到希望的结果，只需要在 100 后加上 L 而将其变成整型常数，运算时系统就自动将较短的 i2 转换成较长的长整型，再与 100 相乘。

```
int i2 = 50000000;
long j2 = i2 * 100L;
```

3. 类方法转换

使用 Integer 类的方法 parseInt 将 String 字转换为对应的整数类型，见表 2 - 4。

```
String str = "123";//123 为字符串型
int a = Integer.parseInt(str);//a 值为数值型的 123
```

提醒：Integer 与 String 都是后续章节中介绍的数据类型类。

表 2 - 4　字符串与数值型的数据转换方法

序号	数据类型	转换方法
1	long	Long. parseLong（数字字符串）
2	int	Integer. parseInt（数字字符串）
3	short	Short. parseShort（数字字符串）
4	byte	Byte. parseByte（数字字符串）
5	double	Double. parseDouble（数字字符串）
6	float	Float. parseFloat（数字字符串）

Java 常用数据类型转换（将在第 4 章介绍，经常用到）如下。

（1）String 类型→基本类型

使用基本类型的包装类（如 byte 的包装类为 Byte、int 的包装类为 Integer 等）的 parse ×××× （String 类型参数）方法中，×××× 为相应包装类名。将字符串 String 转换成整数 int，有两个方法：

```
String str = "123";
1) int i = Integer. parseInt (str);
2) int i = Integer. valueOf (str). intValue ();
```

注：字符串转换成 Double、Float、Long 的方法大同小异。

（2）基本类型→String 类型

使用 String 类的重载方法 valueOf（基本类型参数）将整数 int 转换成字符串 String，有三种方法：

```
1) String s = String. valueOf (i);
2) String s = Integer. toString (i);
3) String s = "" + i;
```

注意：字符串转成 Double、Float、Long 的方法大同小异。

2.2 运算符

Java 语言中的表达式是由运算符与操作数组合而成的，所谓的运算符，就是用来做运算的符号，而参加运算的数据称为操作数。按操作数的数目来划分，运算符的类型有一元运算符（如 +、-、++、--）、二元运算符（如 *、/）和三元运算符（如?:）；按功能划分运算符的类型，有算术运算符、关系运算符、逻辑（布尔）运算符、位运算符、赋值运算符和其他运算符等。

微课：运算符与
表达式

2.2.1 算术运算符

算术运算符主要用于完成算术运算，常见的算术运算符见表 2 - 5。

表 2 - 5 算术运算符

序号	运算符	运算	例子	结果
1	+	正号	+8	8
2	-	负号	a = 3；b = - a；	a = 8，b = -8
3	+	加	a = 3 + 5；	a = 8
4	-	减	a = 5 - 3；	a = 2
5	*	乘	a = 3 * 5；	a = 15
6	/	除	a = 5/3；	a = 1

续表

序号	运算符	运算	例子	结果
7	%	模（求余）	a = 5%3;	a = 2
8	++	前缀增	a = 3; b = ++a;	a = 4，b = 4
9	++	后缀增	a = 3; b = a++;	a = 4，b = 3
10	--	前缀减	a = 3; b = --a;	a = 2，b = 2
11	--	后缀减	a = 3; b = a--;	a = 2，b = 3

运算符（++、--）与操作数的位置有关：运算符如果放在变量之前（如 ++i），则变量值先加 1 或减 1，然后进行其他相应的操作（主要是赋值操作）；运算符如果放在变量之后（如 i++），则先进行其他相应的操作，然后再将变量值加 1 或减 1。

在书写运算符时还要注意的是：一元运算符与其前后的操作数之间不允许有空格，否则编译时会出错。

当参加二元运算的两个操作数的数据类型不同时，所得结果的数据类型与精度较高（或位数更长）的那种数据类型一致。

对于连接运算符（+），当操作数是字符串时，加（+）运算符用来合并两个字符串；当加（+）运算符的一边是字符串，另一边是数值时，机器将自动将数值转换为字符串，这种情况在输出语句中很常见。如对于如下程序段：

```
int max = 100;
System.out.println("max = " + max);
```

计算机屏幕的输出结果为：max = 100，即此时是把变量 max 中的整数值 100 转换成字符串 100 输出的。

2.2.2 关系运算符

关系运算符用于测试两个操作数之间的关系，通过两个值的比较，得到一个 boolean 型的比较结果，其值为 "true" 或 "false"。

Java 语言共有 7 种关系运算符，它们都是二元运算符，见表 2-6。关系运算符常用于逻辑判断，如用在流程控制结构中的 if 结构控制分支和循环结构控制循环等处。

表 2-6 Java 关系运算符

序号	关系运算符	运算	示例	结果
1	instanceof	检查是否为类实例	"Java" instanceof String	true
2	>	大于	2 > 1	true
3	>=	大于等于	2 >= 1	true
4	<	小于	2 < 1	false

序号	关系运算符	运算	示例	结果
5	<=	小于等于	2 <= 1	false
6	==	等于	2 == 1	false
7	! =	不等	2! = 1	true

①关系运算符的优先级别低于算术运算符，关系运算符的执行顺序是自左至右。

②字符类型操作数是可以进行关系运算的，比如 'A' < 'a'，其运算结果为 true，因字符 'A' 的 Unicode 编码值小于字符 'a' 的。

③对于大于等于（>=）或小于等于（<=）关系运算符来说，只有大于和等于两种关系运算都不成立时，其结果才为 false，只要有一种（大于或等于）关系运算成立，其结果就为 true。例如，对于 9 <= 8，因为 9 既不小于 8，也不等于 8，所以运算结果为 false。对于 9 >= 9，因为 9 等于 9，所以运算结果为 true。

2.2.3 逻辑运算符

逻辑运算符主要完成操作数的逻辑运算，其结果为布尔值。Java 的逻辑运算符见表 2 - 7。

表 2 - 7　**Java** 逻辑运算符

序号	运算符	运算	示例	结果	说明
1	&	逻辑与	5 > 2 & 2 > 3	false	两者都为真才为真
2	|	逻辑或	5 > 2 | 2 > 3	true	两者都为假才为假
3	!	逻辑非	true	false	取反
4	^	逻辑异或	5 > 2^2 > 3	true	逻辑值不同时为真
5	&&	短逻辑与	5 > 2 | 2 > 3	false	两者都为真才为真
6	||	短逻辑或	5 > 2 | 2 > 3	true	两者都为假才为假

提醒： && 和 & 的运算规则基本相同，‖ 和 ‖ 的运算规则也基本相同，其区别是：& 和 ‖ 运算是把逻辑表达式全部计算完，而 && 和 ‖‖ 运算具有短路计算功能。所谓短路计算，是指系统从左至右进行逻辑表达式的计算，一旦出现计算结果已经确定的情况，计算过程即被终止。对于 && 运算来说，只要运算符左端的值为 false，则无论运算符右端的值为 true 或 false，其最终结果都为 false。所以，系统一旦判断出 && 运算符左端的值为 false，则终止其后的计算过程；对于 ‖ 运算来说，只要运算符左端的值为 true，则无论运算符右端的值为 true 或 false，其最终结果都为 true。所以，系统一旦判断出 ‖ 运算符左端的值为 true，则终止其后的计算过程。

2.2.4 位运算符

位运算是以二进制位为单位进行的运算，其操作数和运算结果都是整型值。位运算符共有 7 个，分别是：位与（&）、位或（|）、位非（~）、位异或（^）、右移（＞＞）、左移（＜＜）、0 填充的右移（＞＞＞）。Java 的位运算符见表 2 – 8。

表 2 – 8 Java 位运算符

序号	运算符	运算	示例	说明
1	&	位与	x&y	把 x 和 y 按位求与
2			位或	x|y	把 x 和 y 按位求或
3	~	位非	~x	把 x 按位求非
4	^	位异或	x^y	把 x 和 y 按位求异或
5	＞＞	右移	x＞＞y	把 x 的各位右移 y 位
6	＜＜	左移	x＜＜y	把 x 的各位左移 y 位
7	＞＞＞	0 填充的右移	x＞＞＞y	把 x 的各位右移 y 位，左边移进的一律补 0

举例说明：

①有如下程序段：

int x = 64;   //x 等于二进制数的 01000000

int y = 70;   //y 等于二进制数的 01000110

int z = x&y   //z 等于二进制数的 01000000

运算结果为 z 等于二进制数 01000000。位或、位非、位异或的运算方法相同。

②右移是将一个二进制数按指定移动的位数向右移位，移掉的被丢弃，左边移进的部分或者补 0（当该数为正时），或者补 1（当该数为负时）。这是因为整数在机器内部采用补码表示法，正数的符号位为 0，负数的符号位为 1。例如，对于如下程序段：

int x = 70;   //x 等于二进制数的 01000110

int y = 2;

int z = x＞＞y   //z 等于二进制数的 00010001

运算结果为 z 等于二进制数 00010001，即 z 等于十进制数 17。

对于如下程序段：

int x = –70;   //x 等于二进制数的 11000110

int y = 2;

int z = x＞＞y   //z 等于二进制数的 11101110

运算结果为 z 等于二进制数 11101110，即 z 等于十进制数 –18。要透彻理解右移和左移操作，读者需要掌握整数机器数的补码表示法。

③0 填充的右移（＞＞＞）是不论被移动数是正数还是负数，左边移进的部分一律补 0。

2.2.5 赋值运算符

赋值运算符"＝"用来把一个表达式的值赋给一个变量，见表2－9。如果赋值运算符两边的类型不一致，当赋值运算符右侧表达式的数据类型比左侧的数据类型优先级别低时，右侧的数据被自动转化为与左侧相同的高级数据类型，然后将值赋给左侧的变量。当右侧数据类型比左侧数据类型高时，则需要进行强制类型转变，否则会出错。

表2－9　Java 赋值运算符

序号	运算符	运算	示例	结果
1	＝	赋值	a＝8；b＝3	a＝8，b＝3
2	＋＝	加等	a＋＝b；	a＝11，b＝3
3	－＝	减等	a－＝b；	a＝5，b＝3
4	＊＝	乘等	a＊＝b；	a＝24，b＝3
5	/＝	除等	a/＝b；	a＝2，b＝3
6	％＝	模等	a％＝b；	a＝2，b＝3

2.2.6 条件运算符

条件运算符（?:）的语法形式为：

〈表达式1〉? 〈表达式2〉:〈表达式3〉

其运算方法是：先计算〈表达式1〉的值，当〈表达式1〉的值为 true 时，则将〈表达式2〉的值作为整个表达式的值；当〈表达式1〉的值为 false 时，则将〈表达式3〉的值作为整个表达式的值。如：

```
int a＝1,b＝2,max;
max＝a＞b? a:b;  //max 等于2
```

2.2.7 其他运算符

1. 方括号［］和圆括号（）运算符
方括号［］是数组运算符，方括号［］中的数值是数组的下标，整个表达式就代表数组中该下标所在位置的元素值。
圆括号（）运算符用于改变表达式中运算符的优先级。
2. 点运算符
点运算符"."的功能有两个：一是引用类中成员，二是包的层次等级。

2.2.8 运算符优先级

对表达式进行运算时，要按照运算符的优先级顺序从高到低进行，同级的运算则按照从左到右的顺序进行。表2－10列出了Java中的运算符优先顺序。

表 2 - 10　Java 运算符优先顺序

优先级	描述	运算符	结合性
1	分隔符	[ ] ( ) . , ;	
2	对象归类，自增自减运算，逻辑非	instauceof ++ -- !	右到左
3	算术乘除运算	* / %	左到右
4	算术加减运算	+ -	左到右
5	移位运算	>> << >>>	左到右
6	大小关系运算	< <= > >=	左到右
7	相等关系运算	== ! =	左到右
8	按位与运算	&	左到右
9	按位异或运算	^	左到右
10	按位或			左到右
11	逻辑与运算	&&	左到右
12	逻辑或运算	||	左到右
13	三目条件运算	?:	左到右
14	赋值运算	=	右到左

2.3　表达式

表达式是由操作数和运算符按一定的语法形式组成的符号序列，用来说明运算过程返回运算结果。一个常量或一个变量名字是最简单的表达式，其值即为该常量或变量的值；表达式可以嵌套，表达式的值还可以用作其他运算的操作数，形成更复杂的表达式。

①算术表达式：用算术符号和括号连接起来的复合 Java 语法规则的式子，如 1 + x - y - 20。

②关系表达式：结果为数值型的变量或表达式通过运算符形成的关系表达式，如（x + y）>6。

③逻辑表达式：结果为 boolean 型的变量或表达式通过逻辑运算符复合成的逻辑表达式，如（3 >5）&&（8 <=9）。

④赋值表达式：由赋值运算符和操作数组成的符合 Java 语法规则的式子，如 x = 10。

表达式的运算根据运算符的优先级和结合性进行，即按照运算符的优先顺序从高到低进行，同级运算符从左到右进行：先进行单目运算，再进行乘除加减，然后进行位运算，接着进行比较运算，最后进行赋值运算。

2.4　简单的输入/输出

微课：输入输出

　　输入和输出是程序的重要组成部分，是实现人机交互的手段。输入是指把需要加工处理的数据放到计算机内存中，输出则把处理的结果呈现给用户。在 Java 中，通过使用 System. in 和 System. out 对象分别与键盘和显示器交互而完成程序的输入与输出。

2.4.1　输出

　　System. out 对象包含多个向显示器输出数据的方法，最常用的方法有：
　　①print( )方法：向标准输出设备（显示器）输出一行文本，不换行。
　　例如：

```
System. out. print("Java");
System. out. print("Application");
```

执行该代码显示输出结果为：

```
JavaApplication
```

　　②println( )方法：向标准输出设备（显示器）输出一行文本并换行。
　　例如：

```
System. out. println("Java");
System. out. println("Application");
```

执行该代码显示输出结果为：

```
Java
    Application
```

2.4.2　输入

1. 使用 System. in 对象

　　System. in 对象用于在程序运行时从键盘输入数据。在 Java 中输入数据时，为了处理在输入数据的过程中可能出现的错误，需要使用异常处理机制（异常处理在第 6 章详细介绍），来确保程序具有"健壮性"。使用异常处理命令行输入数据有两种格式：
　　①使用 try ~ catch 语句与 read 方法或 readLine 方法相结合。
　　②使用 throws IOException 与 rerad 方法或 readLine 方法相结合。
　　【例 2 – 2】从键盘读一个字符。

```
package chapter02;
import java. io. *;   //引入 java. io 中的类(输入/输出类)
public class InputorOutput {
public static void main(String[] args) {
        try{                    //异常处理中的 try 语句
        char c = (char)System. in. read();
        //调用 read 方法,读入一个字符存入 c 中
        System. out. print(c);
    }
    catch(IOException e){}          //catch 语句,IOExceptiion 为异常
    }
}
```

或程序为:

```
package chapter02;
import java. io. *;   //引入 java. io 中的类(输入/输出类)
public class InputorOutput {
    public static void main(String[] args)throws IOException {
        char c = (char)System. in. read();
        //调用 read 方法,读入一个字符存入 c 中;
        System. out. println(c);
    }
}
```

程序运行结果为（控制台输入大写“C”）:

```
C
C
```

2. 使用命令行参数

在程序执行时，通过在命令行中输入参数来获得数据，可通过 main( )方法的 args[ ] 参数来实现。main( )方法的参数是一个字符串类型的数组，程序从 main( )方法开始执行，Java 虚拟机会自动创建一个字符串数组，并将程序执行时输入的命令参数放在数组中，最后将数组的地址赋给 main( )方法的参数。

【例 2 - 3】 从键盘读入一个数字字符串和一个整数并输出。

```
package chapter02;
public class ReadFromCommandLine {
public static void main(String[] args){
```

```
    int anInt = 0;                          //局部变量初始化
    System. out. println(args[0]);
    anInt = Integer. parseInt(args[1]. trim()); //数字串转换成整数
    System. out. println(anInt);
    }
}
```

程序运行效果为（单击"Run"→"Run Configurations"→"Arguments"→"Program arguments"，输入：Java　12345）：

```
Java
12345
```

3. Scanner 类和键盘输入

Scanner 类是 Java 类库中提供的一个类，提供了读取不同类型数据的方法。默认情况下，Scanner 对象一般会用空格符（空格、Tab 键或换行回车符）分隔，这些分隔符称为分界符。

①创建从键盘中读取输入值的 Scanner 对象。使用 new 运算符和 System. in 参数创建从键盘中读取输入值的 Scanner 对象，例如：

```
Scanner scan = new Scanner(System. in);
```

②读取从键盘中输入的数据。使用 Scanner 对象的如下方法读取指定数据类型的值，见表 2 – 11。

表 2 – 11　Scanner 对象读取指定数据的方法

序号	方法名	说明
1	nextByte( )	读取 byte 类型
2	nextShort( )	读取 short 类型
3	nextInt( )	读取 int 类型
4	nextLong( )	读取 long 类型
5	nextFloat( )	读取 float 类型
6	nextDouble( )	读取 double 类型
7	nextBoolean( )	读取 boolean 类型
8	nextLine( )	读取一行的值

③设置分界符。如果分界符不用系统默认空格符，则需要调用如下方法设置 Scanner 对象的分界符：Scanner useDelimiter（String pattern）。

例如，以下语句将 scan 对象的设置分界设置为"/"：

```
scan. useDlimiter("/");
```

【例 2 - 4】 销售商品。已知某商品销售单价和数量，统计销售总价。

```
package chapter02;
import java. text. NumberFormat;      //引入 NumberFormat 类
import java. util. Scanner;        //引入 Scanner 类
public class ScannerInput {
  public static void main(String[] args){
      double totalPrice,UnitPrice;     //销售总价,销售单价
      int number;              //销售数量
      NumberFormat currencyformatter =NumberFormat. getCurrencyInsta-
nce();
      //设置货币类型的显示格式
      Scanner scan1 = new Scanner(System. in);
      //创建从键盘输入的 Scanner 对象
      System. out. println("分别输入数量、单价并以/分隔:");
      String s = scan1. nextLine();   //读取一行的值作为字符串返回
      Scanner scan = new Scanner(s);
      //创建从字符串中读取输入值得 Scanner 对象
      scan. useDelimiter("/");   //设置分隔符"/"
      number = scan. nextInt();   //读取销售数量
      UnitPrice = scan. nextDouble();   //读取单价
      totalPrice = number* UnitPrice;   //计算销售总价
      System. out. println("销售总价是:" + currencyformatter. format (total-
Price));
      }
}
```

程序运行结果为：

```
分别输入数量、单价并以/分隔:
5/5. 6
销售总价是:￥28. 00
```

2.5　编程风格

任何一门编程语言都是用来进行人机对话的，都有自己的一套编程风格与书写规范，Java 也不例外。好的程序结构可以让你的程序更专业，更容易被别人理解，更便于维护。

2.5.1　Java 语言书写规范

了解命名规范，可以更好地学习和记忆 Java 类库中的类和函数。下面的几个原则是编写 Java 程序必须遵守的，如果没有非常好的理由，永远不要违背它。

1. 包

包由小写字母和少量数字组成，Java 自己的包以 java 和 javax 开头，比如 java. awt，别的组织开发的包以组织的 Internet 域名部分开头，比如 com. sun、com. borland。

2. 类和接口

类和接口由一个或几个单词组成，每个单词的第一个字母大写，比如 StringBuffer。类一般用名词和名词词组命名，接口与类相同，可以使用形容词词缀，比如 Runnable 和 Comparable。

3. 方法

方法除第一个字母小写外，与类和接口的命名规则一样，比如 getPersonInfo( )。对于取属性值和设置属性值的方法，一般遵循的命名规范：getXXX( )、setXXX( )。

◆ 转换对象类型返回不同类型的方法：命名成 toType，比如 toString( )、toArray( )。

◆ 返回视图的方法：命名成 asType( )形式，如 asList( )。

◆ 返回与调用此方法的对象（WrapperClass）同值的原始类型的方法：命名成 typeValue( )形式，比如 intValue( )、floatValue( )。

4. 域（属性）

◆ 普通域：除第一个字母小写外，与类和接口的命名规则一样，比如 personInfo。

◆ 常数域：由一个或多个被下划线分开的单词组成，比如 VALUES、NEGATIVE_INTINITY，常数域是唯一允许使用下划线的情况。

5. 局部变量

命名与域相同，可以使用简写，比如 i、j、temp、maxNumber。

6. 代码缩进

缩进（Indent）是通过在每一行代码左端空出一部分长度，更加清晰地从外观上体现出程序的层次结构。代码缩进应以 4 个空格为单位，原则上同一层次关系密切的语句行应对齐，可以借助空格或缩进实现。

2.5.2　注释

注释可提高 Java 源代码的可读性，使得 Java 程序条理清晰，易于区分代码行与注释行。另外，通常在程序开头加入作者、时间、版本、要实现的功能等内容注释，方便后来的维护以及程序员的交流。Java 编译器会忽略注释内容。

对于 Java 注释，主要了解三种：

1. 单行注释

在注释内容前面加双斜线（//）。如

```
//  int a =10;
```

2. 多行注释

在注释内容前面以单斜线加一个星形标记（/*）开头，并在注释内容末尾以一个星形标记加单斜线（*/）结束。

```
/*  int a =10;
    int b =20; */
```

3. 文档注释

以单斜线加两个星形标记（/**）开头，并在注释内容末尾以一个星形标记加单斜线（*/）结束。放在声明（变量、方法或类）之前的文档注释用以说明该程序的层次结构及其方法。文档注释提供将程序使用帮助信息嵌入程序中的功能。

2.6　案例分析

利用本章所学的数据类型、运算符、表达式、输入/输出等知识点完成一个具有一定功能的综合实例。

2.6.1　案例分析（Java 语言基础）

编写一个程序：当程序运行时，从键盘输入圆的半径，实现在控制台输出圆的周长和面积。要求：圆的周长只保留整数部分，舍掉小数部分；圆的面积保留小数点后两位。

微课：案例分析
（Java 语言基础）

2.6.2　运行结果

程序运行效果如图 2 - 3 所示。

```
r=2.5
圆的周长 (只保留整数部分) 为: 15
圆的面积为: 19.63
```

图 2 - 3　程序运行效果

2.6.3　实现方案

1. 案例分析

程序需要设置一个常量 PI，其值为 3.14；三个变量，其中 r 表示圆的半径、C 表示圆的周长、area 表示圆的面积。按照计算公式圆的周长 C = 2 * 3.14 * r，圆的面积 area = 3.14 * r * r 进行求解。

2. 参考程序代码

```
package chapter02;
import java.util.Scanner;
/* *
* ComputeCircle.java
* 从键盘上输入圆的半径,求圆的周长和面积
*/
public class ComputeCircle{
public static void main(String[] args){
    final double PI=3.1415926;            //定义常量PI
    double r,C,area;
    int int_p;
    Scanner scan=new Scanner(System.in);
    r=scan.nextDouble();
    System.out.println("r="+r);
    C=2*PI*r;
    int_p=(int)C;                    //强制类型转换
    area=PI*r*r;
    System.out.println("圆的周长(只保留整数部分)为:"+int_p);
    System.out.println("圆的面积为:" + (double)(Math.round(area*100))/
100);
    }
}
```

2.7 任务训练——Java 基本数据类型、运算符与表达式

2.7.1 训练目的

（1）掌握 Java 的基本数据类型及其数据类型的转换；

（2）掌握 Java 的常用运算符；

（3）掌握 Java 表达式的应用；

（4）掌握基本输入/输出的方法。

2.7.2 训练内容

1. 完成对正文中各段代码程序效果的演示。

2. 完成思考与练习中程序的编写与调试。

3. 编写程序，从键盘输入三角形的三边，求三角形的周长和面积并输出。

【程序效果】

```
三角形的周长为:12.0
三角形的面积为:6.0
```

注意： 程序运行时，右键单击源文件，选择"Run As"→"Run Configurations"，在弹出的对话框中选择"Arguments"选项，在"Program arguments"中输入 3 4 5（注意空格隔开），再单击"Run"按钮即可在控制台看到输出结果。

【解题思路】

（1）把输入的字符串转换为需要的数据类型；

（2）根据输入的值判断是否可以构成三角形；

（3）根据三角形的周长与面积公式计算周长和面积；

（4）求解过程中需要用到 Math（数学）类的 sqrt（开方）方法。

【参考程序】

```java
package chapter02;
/ * *
* ComputeArea. java
* 从键盘上输入三角形的三边,求三角形的周长和面积
* /
public class ComputeArea {
public static void main(String[ ] args){
    int a,b,c;
    double area,p;
    a = Integer. parseInt(args[0]);
    b = Integer. parseInt(args[1]);
    c = Integer. parseInt(args[2]);
    if(a + b > c&&a + c > b&&c + b > a){
        p = (a + b + c)/2.0;
        area = Math. sqrt(p * (p - a) * (p - b) * (p - c));
        System. out. println("三角形的周长为:" + 2 * p);
        System. out. println("三角形的面积为:" + area);
    }
    else
        System. out. println("您输入的三边不能构成三角形");
}
}
```

2.8　知识拓展

1. 问：作比较的两个数是否可以是浮点数？

答：参与比较大小的两个操作数或表达式的值可以是整型，也可以是浮点型，但不能在浮点数之间做等于"=="的比较，因为浮点数表达上有难以避免的微小误差，精确的相等无法达到，所以这种比较毫无意义。

2. 问：为什么没有绝对值、平方根和三角函数等复杂的运算符？

答：绝对值、平方根和三角函数等复杂的运算符由 java. lang. Math 类中的方法实现。

思考与练习

一、选择题

1. 以下变量的定义是合法的是（　　）。

A. int oIntFirst；　　　　　　　　　　　　B. float f_ FirstNum；

C. byte b = 32768；　　　　　　　　　　　D. boolean true；

2. 按运算符操作数的数目划分，运算符?：的类型是（　　）。

A. 三目　　　　　　B. 二目　　　　　　C. 四目　　　　　　D. 一目

3. Java 的字符类型采用的是 Unicode 编码方案，每个 Unicode 码占用（　　）个比特位。

A. 8　　　　　　　B. 16　　　　　　　C. 32　　　　　　　D. 64

4. 下面属于 Java 关键字的是（　　）。

A. NULL　　　　　B. IF　　　　　　　C. do　　　　　　　D. While

5. 若所用变量都已正确定义，则以下选项中，非法的表达式是（　　）。

A. a! = 4 || b == 1　　　　　　　　　　　B. 'a' % 3

C. 'a' = 1/2　　　　　　　　　　　　　　D. 'A' + 32

6. 以下选项中，合法的赋值语句是（　　）。

A. a == 1；　　　　B. ++ i；　　　　　C. a = a + 1 = 5；　　D. y = int(i)；

7. 下列代码的执行结果是（　　）。

```java
public class Test1{
    public static void main(String args[]){
        System. out. print(100% 3);
        System. out. print(",");
        System. out. println(100% 3.0);
    }
}
```

A. 1, 1　　　　　　B. 1, 1.0　　　　　C. 1.0, 1　　　　　D. 1.0, 1.0

8. 下列代码的执行结果是（　　　）。

```java
public class Test2{
    public static void main(String args[]){
        int a = 4,b = 6,c = 8;
        String s = "abc";
        System.out.println(a + b + s + c);
        System.out.println();
    }
}
```

A. ababcc
B. 464688
C. 46abc8
D. 10abc8

二、计算题

1. 已知 int i = 6，j = 8；，分别对下面表达式计算后求 i 和 j 的值。

（1）j += ++ i;

（2）j -= 5 + i ++;

（3）j += j -= j * = j;

2. 已知 int i = 10，j = 20，k = 30;，计算下面表达式的值。

（1）i < 10&&j > 10&&k! = 10

（2）i < 10 || j > 10 || k! = 10

（3）!（i + j > k）&&!（k - j > i）

三、编程题

1. 编写一个程序，给出汉字"你""我""他"在 Unicode 表中的位置。

2. 编写一个程序，从键盘输入两个数，求这两个数的和、差、积与商。

学习评价

评价项目	评价内容	分值	得分
常量、变量	能理解并使用常量、变量	10	
数据类型	掌握数据类型之间的转化	20	
运算符与表达式	掌握运算符与表达式的使用	10	
简单输入/输出	掌握输入/输出的方法	30	
编程风格	掌握编程风格	20	
职业素养	举一反三、灵活运用	10	
合计		100	

第 3 章

流程控制结构

【知识点】顺序结构；分支结构；循环结构；跳转语句。

【能力点】熟练掌握分支结构、循环结构、跳转语句的使用。

【学习导航】

算法的好坏决定了程序的运行效率，而算法设计除了用于数据建模外，其功能主要是通过流程语句来实现的。本章内容在 Java 程序开发能力进阶必备中的位置如图 3 - 0 所示。

图 3 - 0　本章学习导航

编写计算机程序之前，必须透彻理解要解决的问题，研究解决问题的方法，确定解决问题的步骤（算法）。在任何复杂的算法流程中，都可以用三种基本结构（顺序结构、分支结构、循环结构）来描述。其中，顺序结构是指程序从上到下逐行执行的结构，比较简单，因此主要介绍分支结构和循环结构。

3.1　分支结构

分支结构也称为选择结构，是指根据程序运行时产生的结果或者用户的输入条件执行相应的代码。在 Java 中有两种选择语句可以使用：if 和 switch。使用它们时，可以根据条件来选择接下来要干什么。本节将对这两种形式的语句进行介绍。

3.1.1　if 语句

if 语句是使用最为普遍的条件语句，每一种编程语言都有一种或多种形式的该类语句。

微课：if 语句

1. if 语句的选择形式

if 语句是最简单的选择语句，它可以控制程序在两个不同的路径中执行。下面是 if 语句的一般形式：

```
if(条件)
  {
    //语句块 1
  }
else
  {
    //语句块 2
  }
```

if 语句中的条件表达式的值必须是 boolean 型。如果 if 条件为真，那么执行 if 语句块 1；否则，执行语句块 2。if 分支或者 else 分支语句块中的语句，可以是一条语句，也可以是用大括号 {} 括起来的一组语句（称为复合语句）。if 语句可以没有 else 分支，只有判断形式，此时的执行流程图如图 3－1 所示；也可以两者均有的选择形式，如图 3－2 所示。

图 3－1　if 语句的判断形式

图 3－2　if 语句的选择形式

提醒：if 语句中的 else 并不是一定要有，根据要求可以省略。比如：

```
int x = 4;
if(x >= 0)
    System.out.println("x 的值大于零");
```

【例 3-1】 if 条件语句的选择形式示例。

```
package chapter03;
public class IfTwo {                      //判断给定成绩是否合格
    public static void main(String args[]){
        int x = 60;                                //声明变量并赋初值
        if(x >= 60)                         //条件判断
            System.out.println("pass");     //大于等于 60 分视为合格
        else
            System.out.println("fail");     //小于 60 分视为不合格
    }
}
```

程序运行结果为：

```
pass
```

if - else 语句等价于三目条件运算符：

$$变量 = 布尔表达式？语句 1：语句 2；$$

例如，以下代码：

```
if(x > 0)
    y = x;
else
    y = -x;
```

等价于

```
y = x > 0? x: -x;
```

2. if 语句的多分支形式

当条件有多个运行结果的时候，上面的两种形式就不能满足要求，此时可以使用 if - else 的多分支结构来进行多个条件选择。if 语句的多分支形式是：

```
if(条件表达式 1)语句 1；
else if(条件表达式 2)语句 2；
...
```

else if(条件表达式 n - 1)语句 n - 1;
else 语句 n;

与 if 语句结构一样，多分支结构的语句可以是一条语句，或者是用大括号括起来的语句块，其执行流程图如图 3 - 3 所示。

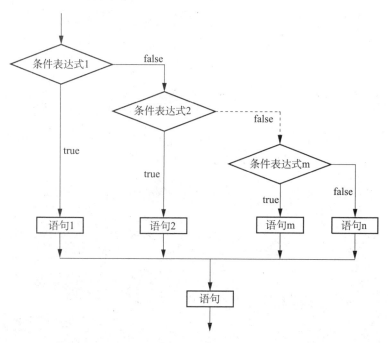

图 3 - 3　if - else if 执行过程

【例 3 - 2】if 条件语句多分支形式示例。

```
package chapter03;
public class Ifmany {                    //判断星期几
    public static void main(String args[]){
        int today = 5;
        if(today == 1)
          System. out. println("Today is Monday");
        else if(today == 2)
          System. out. println("Today is Tuesday");
        else if(today == 3)
          System. out. println("Today is Wednesday");
        else if(today == 4)
          System. out. println("Today is Thursday");
        else if(today == 5)
```

```
          System. out. println("Today is Friday");
      else if(today ==6)
          System. out. println("Today is Saturday");
      else
          System. out. println("Today is Sunday");
   }
}
```

程序运行结果为：

```
Today is Friday
```

条件语句可以嵌套使用，在使用 if 语句多分支形式时，最好用大括号确定相互的层次关系，有一个原则是 else 语句总是和其最近的 if 语句相搭配。

```
int x =0,y =0;
if(x ==1){
  if(y ==1)     //if 分支嵌套 if - else 结构
    System. out. println("x =1,y =1");
  else
    System. out. println("x =1,y! =1");
}
else          //else 分支嵌套 if - else 结构
{   if(y ==1)
  System. out. println("x! =1,y =1");
  else
  System. out. println("x! =1,y! =1");
}
```

提醒： 一般情况下，if 语句的嵌套最好不要超过三层，并且使用时要注意代码的缩进，以提高程序的可读性。

3.1.2 switch 语句

如果采用 if - else 多分支形式来进行多路分支语句处理，就难免有些过于复杂烦琐，Java 中还提供了一种比较简单的形式，就是 switch 语句。switch 语句也称多分支的开关语句，它的一般格式定义为：

微课：switch 语句

```
switch(表达式){
    case 常量值 1:语句块 1;
    break;
    case 常量值 2:语句块 2;
    break;
    ...
    case 常量值 n:语句块 n;
    break;
    [default:语句块 n +1;]
}
```

使用 switch 语句时，应注意以下几点：

①switch 表达式的值必须是 byte、short、int 或者 char 类型。

②各个 case 后边的常量值必须跟表达式类型一致或者可以兼容，并且不能出现重复值。

③一般情况下，各个语句块的最后一个语句使用 break 语句，以便从 switch 结构中退出。如果某个语句块中不使用 break 语句，则继续执行下一个语句块，直到遇到 break 语句或者遇到结构结束符"｝"。

④多个 case 常量后的语句块相同时，可以将其合并为多个 case 子句，即 case 子句中不同常量可以对应同一组操作。

⑤switch 语句的执行机制是用表达式的值与各个 case 子句的常量值做等于比较，故 case 子句的顺序可以任意。

【例 3 - 3】switch 语句示例。

```
package chapter03;
public class  MySwitch {          //判断星期几
    public static void main(String args[]){
    int today = 5;
    switch(today){
    case1:System.out.println("Today is Monday");
      break;
    case2:System.out.println("Today is Tuesday");
      break;
    case3:System.out.println("Today is Wednesday");
      break;
    case4:System.out.println("Today is Thursday");
      break;
    case5:System.out.println("Today is Friday");
```

```
    break;
case6:System.out.println("Today is Saturday");
    break;
case7:System.out.println("Today is Sunday");
    break;
default:System.out.println("please input 1 - 7");
    }
  }
}
```

程序运行结果为：

```
Today is Friday
```

当不同的 case 子句对应相同的操作时，可以将其合并再加以简化，如下例所示。

【例 3 - 4】switch 语句应用示例。

```
package chapter03;
public class IsLeapYear {           //判断某年某月是多少天
    public static void main(String args[ ]){
        int month = 2, year = 2014, day = 0;
        switch(month)
        {
        case1:
        case3:
        case5:
        case7:
        case8:
        case10:
        case12:day = 31;break;   //1、3、5、7、8、10、12 月均是 31 天
        case4:
        case6:
        case9:
        case11:day = 30;break;   //4、6、9、11 均是 30 天
        case2:          //闰年 2 月是 29 天,平年 2 月是 28 天
            if((year% 4 == 0&&year% 100! = 0) ||(year% 400 == 0))   /* 判
断是否闰年* /
                day = 29;
                else day = 28;
```

```
        }
        System.out.println("现在是:" + year + "年" + month + "月:" + day +
"天");
        }
    }
```

程序运行结果为:

```
现在是:2015 年 2 月:28 天
```

3.2 循 环 结 构

循环是指在一定条件下反复进行一项操作。比如,日常生活中打印 50 份试卷、1 500 米的运动会赛跑、车轮的旋转等。Java 程序设计中也引入了循环的概念,循环语句会反复执行一段代码,直到循环的条件不满足时为止。循环语句总共有三种常见的形式:while 语句、do – while 语句和 for 语句。下面将逐个进行详细的介绍。

一个循环结构一般应包含四部分内容:

● 初始化部分:用来设置循环结构的一些初始条件,如设置计数器等。

● 循环体部分:反复执行的一段代码,可以是单一语句,也可是复合语句。

● 迭代部分:用来修改循环控制条件。一般在本次循环结束,下次循环开始前执行。

● 判断部分:一般是一个关系表达式或逻辑表达式,其值用来判断是否满足循环终止条件。循环结构每执行一次循环都要对判断表达式求值。

微课:while 循环语句

3.2.1 while 语句

在英文中"while"这个词的意思是"当",而在 Java 程序设计中,也可以将其理解为"当",其语法结构是:

```
[初始化]          //包含循环变量的初始化
while(循环条件表达式){
循环体;   //除包含循环体要执行的功能外,还包含修改循环变量的控制语句
循环变量修改;
    }
```

其中,循环条件表达式的结果必须是布尔类型。执行该循环结构时,先检查循环条件表达式结果是否为真,如果为真,则进入循环,执行循环体并对循环变量进行修改,然后再次对循环条件表达式进行判断,如果为真,则继续执行,如此重复,一旦循环条件表达式结果为假,则退出循环。while 循环语句流程如图 3 – 4 所示。

图 3 - 4　while 循环语句流程

【**例 3 - 5**】用 while 语句计算 $1 + 2 + 3 + 4 + \cdots + 100$ 的结果。

```
package chapter03;
public class Example_while {
    public static void main(String[] args){
    int i=1,sum=0;  //变量初始化
    while(i<=100){  //while 循环
        sum+=i;  //sum 变量完成累加求和操作
        i++;  //循环变量加1,完成递增操作
    }
    System.out.println("1+2+3+...+100 的和为"+sum);
}
}
```

程序运行结果为：

```
1+2+3+...+100 的和为 5050
```

3.2.2　do - while 语句

微课: do - while
语句

do - while 语句与 while 语句不同的是，它先执行大括号内的循环体，再判断条件，如果条件不满足，下次不再执行循环体。也就是说，在判断条件之前，就已经执行了一次大括号内的循环体。其语法格式是：

```
[初始化]          //包含循环变量的初始化
do{
循环体;
循环变量修改;
}while(循环条件表达式);          //此处分号必不可少
```

该循环先执行循环体, 即使条件表达式的值一开始就为 false, 由于循环体中不包含对循环条件的修改, 也不会造成死循环。另外, 循环结构的分号必不可少。do – while 循环语句流程如图 3 – 5 所示。

图 3 – 5 do – while 循环语句流程

【例 3 – 6】用 do – while 语句计算 1 + 2 + 3 + 4 + … + 100 的结果。

```java
package chapter03;
public class Example_dowhile {
public static void main(String[] args){
    int i = 1,sum = 0;          //变量初始化
    do{          //do  while 循环
        sum += i;          //sum 变量完成累加求和操作
        i ++;          //循环变量加 1,完成递增操作
        } while(i <= 100);
  System. out. println("1 + 2 + 3 + ... + 100 的和为" + sum);
}
}
```

程序运行结果为:

```
1 + 2 + 3 + ... + 100 的和为 5050
```

3. 2. 3   for 循环语句

当事先知道了循环会被执行多少次, 可以选择 Java 提供的循环结构 for 循环。for 循环语句的基本结构如下所示:

微课: for 循环语句

```
for(表达式 1;表达式 2;表达式 3){
    循环体
    }
```

其中，表达式 1 完成初始化的作用是定义循环变量的初值；表达式 2 完成循环条件判断作用，它规定循环的终点，如果没有该判断表达式，那么此循环就成了死循环；表达式 3 完成循环变量递增或递减的作用，从而结束循环。

执行 for 循环语句时，首先执行初始化操作（表达式 1），然后判断循环条件是否满足（表达式 2），如果满足，则执行循环体中的语句，最后执行循环变量控制部分（表达式 3）。完成一次循环后，再对循环条件进行判断，直到循环的条件不满足才结束整个循环。for 循环语句流程如图 3 -6 所示。

图 3 -6　for 循环语句流程

【例 3 -7】用 for 语句计算 1 +2 +3 +4 +…+100 的结果。

```
public class Example_for {
public static void main(String[ ] args){
    int sum =0;                //变量初始化
    for(int i =1;i <=100;i ++){
        sum +=i;  //sum 变量完成累加求和操作
    }
    System. out. println("1 +2 +3 +...+100 的结果为" +sum);
    }
}
```

程序运行结果为：

1 +2 +3 +...+100 的结果为 5050

提醒：表达式 1 和表达式 3 可以省略为空。比如：

int sum =0,i =1;   //变量初始化

```
for(;i<=100;){
    result += i;          //sum 变量完成累加求和操作
    i++;          //循环变量加 1
}
```

提醒： 表达式 3 完成递增或者递减，不一定是通过加减 1，也可根据需要完成递增或者递减。比如：1 到 100 奇数或者偶数求和，循环变量可改成 i = i + 2。

提醒： 表达式 1 和表达式 3 可以用逗号语句进行多个操作。例如：

```
for(i=0,j=5;i<j;i++,j--){
    ...
}
```

提醒： 如果表达式 1、2、3 都省略，循环体必须要出现结束循环条件的语句。例如：

```
sum=0;i=1;
for(;;){
    if(i>100)break;
    sum+=i;
    i++;
}
```

提醒： Java 5 引入了一种主要用于数组和集合的增强型 for 循环，将在第 4 章数组与字符串中进行介绍。

3.2.4　多重循环

在一个循环的循环体内又包含另一个循环，称为循环的嵌套。被嵌入的循环又可以嵌套循环，这就是多重循环。以二重循环为例，被嵌入的循环是内循环，包含内循环的循环是外循环。

微课：多重循环

【例 3 - 8】 多重循环举例。

```
//求 2 ~ 100 之间的素数。
package chapter03;
public class PrimeNumber {
public static void main(String[] args){
```

```
        int i,k;
        for(k=2;k<=100;k++){        //外循环控制 2 ~100
        for(i=2;i<k;i++){           //内循环判断是否素数
          if(k% i==0){           //条件为真,说明不是素数
          break;              //跳出当前循环,即内循环
          }
        }
        if(i==k)           //条件为真,说明是素数
        System.out.print(k+"");    //打印素数,并用空格隔开
        }
        }
        }
```

程序运行结果为：

2 3 5 7 11 13 17 19 23 29 31 37 41 43 47 53 59 61 67 71 73 79 83 89 97

提醒： 素数又称质数，指在一个大于 1 的自然数中，除了 1 和该整数自身外，不能被其他自然数整除的数。

3.3　跳转语句

微课：等腰三角形
（循环嵌套）

跳转语句的作用是改变程序的执行流程。Java 语言提供了 4 种跳转语句：break、continue、return 和 throw。

3.3.1　break 语句

break 语句主要用于 switch 分支结构和循环结构中。switch 语句的作用是强制退出 switch 结构，执行 switch 结构后面的语句；在单层循环结构的循环体中，其作用是强制退出循环结构。若程序中有内外双重循环，则只能退出内循环（如例 3 - 8），进入外循环的下一轮循环。若想退出外循环，则可使用带标号的 break 语句。

【例 3 -9】 break 语句举例。

```
package chapter03;
public class Jump_Break {
/*程序只计算了 1 +2 +3 +4 + … +50 的结果,后边的循环全部没有执行,即当
i =51 的时候,循环就结束了。*/
    public static void main(String[] args){
//"break"语句用来结束循环,即不再执行后边的所有循环
        int result =0;
```

```
        for(inti =1;i <=100;i ++){
            if(i >50)break;            //break 跳转语句
            result +=i;
        }
        System. out. println(result);
```

程序运行结果为：

```
1275
```

3.3.2　continue 语句

continue 意为"继续"，只能用于循环结构中。当程序执行到 continue 语句时，意味着结束本轮循环，continue 后的语句不再执行，程序直接进入下一轮循环。若要程序执行到指定位置，也可使用带标号的循环的 continue 语句。

【例 3 – 10】 continue 语句举例。

```
        package chapter03;
        public class Jump_Continue {
        //程序进行从 1 到 100 之间除 51 ~60 外的整数求和。
        public static void main(String[]args){
            int result =0;
            for(inti =1;i <=100;i ++){
                if(i >50&&i <=60)continue;
                result +=i;
            }
            System. out. println(result);
        /* continue 语句用来结束当前循环,并进入下一轮循环,即仅仅这一次循环结束了,
        不是所有循环结束了,后边的循环依旧进行。*/

            }
        }
```

程序运行结果为：

```
4495
```

【例 3 –11】带标号的程序举例。

```
        //打印九九乘法表
        package chapter03;
        public class MultiplyTable{
```

```
public static void main(String[] args){
int i =1,j =1;
Line5:for(i =1;i <=9;i ++){
    for(j =1;j <=9;j ++){
    if(j > i){
      System. out. println();
      continue Line5;
    }
  System. out. print(i +" * " +j +" = " +i * j +"");
    }
  }
  }
}
```

程序运行结果为：

```
1* 1 =1
2* 1 =2  2* 2 =4
3* 1 =3  3* 2 =6  3* 3 =9
4* 1 =4  4* 2 =8  4* 3 =12  4* 4 =16
5* 1 =5  5* 2 =10  5* 3 =15  5* 4 =20  5* 5 =25
6* 1 =6  6* 2 =12  6* 3 =18  6* 4 =24  6* 5 =30  6* 6 =36
7* 1 =7  7* 2 =14  7* 3 =21  7* 4 =28  7* 5 =35  7* 6 =42  7* 7 =49
8* 1 =8  8* 2 =16  8* 3 =24  8* 4 =32  8* 5 =40  8* 6 =48  8* 7 =56  8* 8 =64
9* 1 =9  9* 2 =18  9* 3 =27  9* 4 =36  9* 5 =45  9* 6 =54  9* 7 =63  9* 8 =72  9* 9 =81
```

3.3.3　return 语句

return 语句用于方法体中，它的作用是退出该方法并返回指定数值，使用程序的流程转到调用该方法的下一条语句。return 语句格式有：

● return 　表达式、变量或数值
　　方法有返回值，方法的类型为非 void 类型。

● return；
　　方法没有返回值，方法的类型为 void 类型。

3.4　程序的断点调试

Java 语言中，当某行代码添加断点后，系统在运行到该行代码的时候
会停止。借助断点的功能，可以帮助开发人员完成程序中问题的跟踪与调试，以下是断点的
使用步骤。

微课：断点调试

①在 Eclipse 环境中只需单击左边面板（行号前面），断点即被创建，如图 3 - 7 所示。

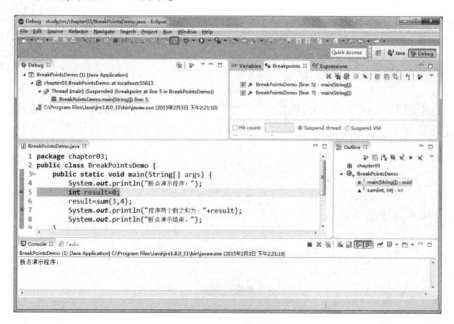

图 3 - 7　断点演示程序

②找到需要进行调试的源文件，单击右键，选择"Debug AS"→"Java Application"，
即可进入调试界面，如图 3 - 8 所示。

图 3 - 8　断点调试程序界面

③读者可单击工具栏上的 四个图标，依次是 Step Into（F5 键）、Step Over（F6 键）、Step Return（F7 键）、Drop To Frame，其功能分别是：

Step Into（F5 键）是跳入，如果当前行有方法调用，程序将会跳转到被调用方法的第一行执行。

Step Over（F6 键）是跳出，移动到下一行。如果在当前行有方法调用，那么程序会直接移动到下一行执行，而不会进入被调用方法体里面。

Step Return（F7 键）是返回，使程序从当前方法中跳出，继续往下执行。

Drop To Frame 表示跳到当前方法的上一行。

Resume（F8 键）对应 图标，表示程序移动到下一个断点处执行。

以上功能，读者可根据实际情况单击快捷键来观察运行效果。

另外，在程序中还可以通过窗口查看变量的变化。在调试界面，选中查看变量，鼠标右键在弹出菜单中选择"Watch"，即可在调试窗口的右上角的"Variables"中进行查看。

提醒： 调试断点应该注意的问题：

①断点调试完成后，要在 Breakpoints 视图中清除所有断点。

②断点调试完成后，一定要记得单击该 红色图标结束运行断点的 jvm。

③也可单击 Java Debug 两个图标完成窗口的切换。

3.5 案例分析

利用本章所学的分支结构、循环结构等知识点完成一个具有一定功能的综合实例。

微课：猜数游戏

3.5.1 案例情景——猜数游戏

编写一个猜数游戏程序：随机给定一个 1 ~ 100 之间的被猜整数，从键盘上反复输入整数进行试猜。未猜中时，提示数过大或过小，直到所猜次数用完；猜中时，指出猜的次数。

3.5.2 运行结果

操作方法和程序运行结果分别如图 3 – 9 和图 3 – 10 所示。

图 3 – 9　输入试猜数

图 3 - 10　程序运行结果

3.5.3　实现方案

1. 案例分析

①定义所需变量（布尔变量 guessflag 表示是否猜中；整型变量 guessnumber 接收用户输入数据；整型变量 realnumber 接收随机函数生成的被猜数；整型变量 count 计数所猜次数）。

②利用随机函数生成随机的被猜整数（Math 类的 random( ) 方法随机产生一个 0.0 ~ 1.0 之间的数）。

③设置循环结束条件（boolean guessflag = true；int count = 0；），接收从键盘输入数据，并将其转换成基本数据类型。

④根据输入的值与被猜数的值进行比较，给出相应提示信息，修改猜数次数 count 的值。

2. 参考程序代码

```java
package chapter03;
import javax.swing.JOptionPane;
public class GuessGame{
public static void main(String[] args){
    boolean guessflag = false;
    int realnumber = (int)(Math.random() * 100 + 1);
    int guessnumber = 0;
    int count = 0;
    while(guessflag! = true&&count < 3){
        guessnumber = Integer.parseInt(JOptionPane.showInputDialog("请输入一个整数进行试猜,注意允许竞猜的最大次数是 3 次!", new Integer(guessnumber)));
        if(guessnumber > realnumber){
            count ++;
            System.out.println("您输入的数字太大了,请重新猜!");
        }
        else if(guessnumber < realnumber){
            count ++;
```

```
            System.out.println("您输入的数字太小了,请重新猜!");
        }
        else{
            count ++;
            System.out.println("恭喜您猜对了,您共猜了" + count + "次。");
            guessflag = true;
        }
    }
    if(guessflag! = true&&count ==3)
    System.out.println("您共猜了" + count + "次,已经超过了允许竞猜的最大
次数! 游戏结束!");
    }
}
```

3.6 任务训练——流程控制语句

3.6.1 训练目的

（1）掌握分支结构的使用；
（2）掌握循环结构的使用；
（3）掌握跳转语句的使用；
（4）掌握流程控制语句的综合使用。

3.6.2 训练内容

1. 完成对正文中各段代码程序效果的演示。
2. 完成思考与练习中程序的编写与调试。
3. 百鸡问题：公鸡 5 元/只，母鸡 3 元/只，小鸡 3 只/元，问 100 元买 100 只鸡，其中公鸡、母鸡、小鸡各几只？
【程序效果】

```
公鸡 0 只,母鸡 25 只,小鸡 75 只。
公鸡 4 只,母鸡 18 只,小鸡 78 只。
公鸡 8 只,母鸡 11 只,小鸡 81 只。
公鸡 12 只,母鸡 4 只,小鸡 84 只。
```

【解题思路】

（1）公鸡、母鸡、小鸡分别买 x、y、z 只；

（2）满足条件：$x + y + z = 100$，$5x + 3y + z/3 = 100$；

（3）根据单价、鸡和钱的总数分析 x、y、z 的取值范围是：x 的取值范围是 $0 \sim 20$，y 的取值范围是 $0 \sim 33$，z 的取值范围是 $0 \sim 100$，且 z 是 3 的倍数。

【参考程序】

```java
package chapter03;
public class HundredAnimal{
  public static void main(String[] args){
    int z = 0;
    boolean isAnswer = false;
    for(int i = 0;i <= 20;i ++){
      for(int j = 0;j <= 33;j ++){
        z = 100 - i - j;
        if((z % 3 == 0)&&(5 * i + 3 * j + z/3 == 100)){
        System.out.println("公鸡" + i + "只,母鸡" + j + "只,小鸡" + z + "只。");
        isAnswer = true;
      }
      }
      }
    if(! isAnswer)
    System.out.println("本题无解!");
  }
}
```

3.7 拓展知识

1. 问：如何使用控制结构？

答：程序结构分为顺序结构、选择结构和循环结构。使用选择结构时，需要考虑是使用 if 语句还是 switch 语句：除典型的满足多路分支的情况外，其他情况大多使用 if 语句。使用循环结构时，如果循环次数已知，则选择 for 循环语句；循环次数不定的情况下，要选择 while 循环或 do-while 循环语句。

2. 为什么有时在使用循环结构语句编程时会出现死循环现象，即循环无法终止或者程序的运行结果不正确？

答：死循环是由控制循环的条件设定不恰当造成的。无论是哪一种循环结构，都必须设置好循环的起点、循环结束的条件、控制循环的关键性语句，否则循环可能不正确或者造成死循环。

思考与练习

一、选择题

1. 给出下面程序段：

```
if(x>0){System.out.println("Hello. ");}
else if(x>-3){System.out.println("Nice to meet you!");}
else{System.out.println("How are you?");}
```

若打印字符串"How are you?"，则 x 的取值范围是（　　）。

A. x > 0 　　　　B. x > -3 　　　　C. x <= -3 　　　　D. x <= 0 & x > -3

2. switch 语句不能用于（　　）数据类型。

A. double 　　B. byte 　　　　C. short 　　　　D. char

3. 给出下面代码段：

```
public class Test1{
public static void main(String args[]){
int m;
switch(m)
{
case 0:System.out.println("case 0");
case 1:System.out.println("case 1");break;
case 2:
default:System.out.println("default");
}}}
```

下列 m 的值中，将引起"default"的输出的是（　　）。

A. 0 　　　　　　　　　　　　　B. 1

C. 2 　　　　　　　　　　　　　D. 以上答案都不正确

4. 复合语句是用（　　）括起来的一段代码。

A. ( ) 　　　　B. { } 　　　　　C. [ ] 　　　　　　D. ' '

5. 在 Java 中，（　　）关键字是用来终止循环语句的。

A. return 　　　B. exit 　　　　C. continue 　　　　D. break

二、编程题

1. 编写程序，实现 n!（阶乘）之和（n=5）。

2. 编写程序，实现对输入的任一整数按相反顺序输出该数。例如输入 1314，输出 4131。

3. 编写程序，实现输出 100 ~ 999 之间的水仙花数的功能。提示：水仙花数是指一个三位数，其各位数字的立方和等于该数本身，即 $d_1 d_2 d_3 = d_1 * d_1 * d_1 + d_2 * d_2 * d_2 + d_3 * d_3 * d_3$。

4. 猴子吃桃子问题：猴子第一天摘下若干个桃子，当即吃了一半，还不过瘾，又多吃了一个，第二天早上又将剩下的桃子吃掉一半，又多吃了一个。以后每天早上都吃了前一天剩下的一半零一个。到第 10 天早上想再吃时，只剩下一个桃子了，求第一天共摘了多少桃子。

学习评价

评价项目	评价内容	分值	得分
分支结构	掌握运用分支结构的条件及格式	20	
循环结构	掌握运用循环结构的条件及格式	40	
跳转语句	掌握运用跳转语句的条件及格式	20	
程序断点调试	掌握程序断点调试的方法	10	
职业素养	理论运用于实践、举一反三	10	
合计		100	

第4章

数组与字符串

【知识点】一维数组；二维数组；字符串。

【能力点】熟练掌握一维数组、二维数组、字符串的使用。

【学习导航】

程序有时需要对同一类型的数据进行处理。本章内容在 Java 程序开发能力进阶必备中的位置如图 4 - 0 所示。

图 4 - 0　本章学习导航

前面章节学了一个变量可表示为一种数据类型，在实际应用中，经常需要处理相同数据类型的一组数据，为此 Java 引入了数组的概念。根据构成形式，数组可分为一维数组和多维数组，本章主要介绍一维数组和二维数组。字符串是字符的序列，在程序设计中经常用到，尤其是与网络相关的程序。

4.1　一维数组

数组是一种数据结构，是具有相同数据类型的有序数据集合。Java 中的数组由基本数据类型的元素或对象组成。数组中的每个数据称为一个数组元素，同一数组中的各个数组元素具有相同的数据类型，并且在内存中连续存放。数组元素之间通过下标来区分，Java 中数组的下标从 0 开始。

4.1.1　一维数组的声明和创建

1. 一维数组的声明

和变量一样，数组必须先定义才能使用。定义一维数组的格式有：

微课：一维数组

```
数据类型-数组名[ ];
```

或

```
数据类型[ ]数组名;
```

其中，数据类型可以为 Java 中的任意数据类型，数组名为一个合法的标识符，[ ] 指明该变量是一个数组类型变量。方括号 [ ] 是数组的标志，表示声明的是数组变量而不是普通变量，它可以出现在数组名的后面，也可以出现在数组元素类型名的后面，两种定义方法没有什么差别。

例如：

```
int score[ ];/*声明了一个名称为 score 的一维数组,数组元素的数据类型是
int。*/
```

或

```
String[ ]name;/*声明了一个名称为 name 的一维数组,数组元素的数据类型是
String。*/
```

> **注意**：不能这样创建数组：
> int intArray [10];

2. 一维数组的创建

Java 定义数组仅仅指定了数组名和数组元素的类型，[ ] 中并没有指出数组中元素的个数，即数组长度。必须用运算符 new 为数组分配内存空间，指明数组元素的长度，同时对数组元素进行初始化。否则，不能访问数组的任何元素。

用运算符 new 初始化数组格式如下：

```
数组名 =new 数据类型[元素个数];
```

如：

```
int score[ ];
score = new int[5];
```

为整型数组 score 分配了 5 个整数元素的内存空间，并使每个元素初值为 0。通常，这

两部分可以合在一起，用一条语句完成。例如：

```
int score [ ] = new int[5];
```

4.1.2 一维数组的初始化

在创建后，数组就具有了默认的初始值，即每个数组元素会自动被赋予其数据类型的默认值，如 int 型数组的默认初始值为 0；double 型的默认初始值为 0.0；boolean 型的默认初始值为 false；对象型的默认初始值为 null。在实际应用中，很少使用数组默认值，通常需要对每一个数组元素显式地重新赋值，这个过程就是数组的初始化。

一维数组被赋予的初值，由花括号"{}"括起的一串由逗号分隔的表达式组成，逗号","分隔数组元素中的值。在语句中不必明确指明数组的长度，系统会自动根据所给的元素个数为数组分配一定的内存空间。语法格式如下：

```
数据类型[ ]数组名 = new 数据类型[ ]{值1,值2,值3,…,值n};
```

或

```
数据类型[ ]数组名 = {值1,值2,值3,…,值n};
```

例如：

```
int score[ ] = new int[ ]{89,76,88,79,82};
```

或

```
int score[ ] = {89,76,88,79,82};
```

上例创建了一个包含 5 个整型元素的数组，同时给出了每个元素的初值。一旦数组 score 被创建，则数组的长度自动设置为 5，不能再改变。

注意："{}" 里的每一个数组元素的数据类型必须是相同的。

当数组元素的值具有明显规律，或者数组长度较长不便于直接给出所有初值时，可以使用 for 循环来进行初始化。例如，使用 for 循环对一个整型一维数组 a 进行初始化，a. length 表示数组的长度，代码如下：

```
int[ ]a = new int[6];
for(int i = 0;i < a. length;i ++){
    a[ i ] = i;
}
```

4.1.3　一维数组的引用

定义了一个数组，用 new 操作符为数组分配内存空间，并进行初始化后，就可以引用数组中的每一个元素。通过数组名和数组元素的下标来引用一个数组元素，其语法格式为：

数组名[index]

其中，index 为下标，其值为整型常数或表达式，但下标只能从 0 开始。对于上例中的 score 数组来说，它有 5 个元素，分别为 score[0]、score[1]、score[2]、score[3]、score[4]。

注意： 没有 score[5] 的表示方式。

另外，Java 对数组元素要进行越界检查以保证安全性。同时，对于每个数组，都有一个属性 length 指明它的长度。例如：score. length 指明数组 score 的长度。

使用 Java 数组时需要注意的几个问题：

①数组元素的下标（即 [ ] 内的数字，代表了数组元素在数组中的位置）从 0 开始，直到数组元素个数减 1 为止。例如长度为 10 的数组，其元素下标为 0 ~ 9。数组的下标必须是整型或者可以转化成整型的量。

②所有的数组都有一个属性 length，这个属性存储了数组元素的个数，利用它可以方便地完成许多操作。

③Java 系统能自动检查是否有数组下标越界的情况。例如，数组 MyIntArray 的长度为 10，包含 10 个元素，下标分别为 0 ~ 9。如果在程序中使用 MyIntArray[10]，就会发生数组下标越界的情况，此时 Java 系统会自动终止当前的流程，并产生一个名为 ArrayIndexOutOf-BoundsException 的例外，通知使用者出现了数组下标越界的情况。避免这种情况的一个有效方法是利用上面提到的 length 属性作为数组下标的上界。

④强行使用未初始化的数组，就会出现 NullPointException 的异常错误。

我们来看一个简单的例子：

微课：一维数组实例

【例 4 - 1】对数组中的每个元素赋值，然后按逆序输出。

```
package chapter04;
public class OneArray {
    public static void main(String args[]){
    int i;
    int a[] = new int[5];
    //定义包含 5 个元素的整型数组 a,并用 new 操作符分配内存空间
    for(i = 0;i < 5;i ++)
    //设置一个执行 5 次的循环,为数组 a 的各元素赋初值
        a[i] = i;
    for(i = a. length - 1;i >= 0;i -- )   //逆序输出数组 a 的各元素
        System. out. println("a[" + i + "] = " + a[i]);
    }
}
```

程序运行结果如下：

```
a[4]=4
a[3]=3
a[2]=2
a[1]=1
a[0]=0
```

【例 4-2】 Fibonacci（斐波那契）数列。Fibonacci 数列的定义为：$f(1)=1, f(2)=1$，$f(n)=f(n-1)+f(n-2)$，$n>2$ 即斐波那契数列由 1 开始，之后的斐波那契系数就由之前的两数相加。

```java
package chapter04;
public class Fibonacci {
    public static void main(String args[]){
        int i;
        int f[]=new int[10];
        f[0]=f[1]=1;              //Fibonacci 数列的前 2 项为 1
        for(i=2;i<10;i++)
        f[i]=f[i-1]+f[i-2];
        //从第 3 项开始,每个数据项的值为前两个数据项的和
        for(i=0;i<10;i++)   //输出 Fibonacci 数列的前 20 项
          System.out.println("F["+i+"]="+f[i]);
        }
    }
```

程序运行结果为：

```
F[0]=1
F[1]=1
F[2]=2
F[3]=3
F[4]=5
F[5]=8
F[6]=13
F[7]=21
F[8]=34
F[9]=55
```

微课：一维数组的应用（查询与修改）

微课：一维数组的应用（插入与删除）

4.2　多维数组

在 Java 语言中并不直接支持多维数组，多维数组被看作数组的数组。例如二维数组为一个特殊的一维数组，其每个元素又是一个一维数组。我们主要介绍二维数组，多维的情况与二维数组类似。

4.2.1　二维数组的定义

二维数组为一个特殊的一维数组，其中每个元素又是一个一维数组。
二维数组的定义方式为：

微课：二维数组

```
数据类型　数组名[][];
```

或

```
数据类型[][]数组名;
```

例如：

```
int intArray[][];
```

与一维数组一样，这时也没有对数组元素分配内存空间，同样要使用运算符 new 来分配内存，然后才可以访问每个元素。

对高维数组来说，可直接为每一维分配空间，如：

```
int a[][] = new int[2][3];
```

创建了一个二维数组 a，该数组见表 4 − 1。

表 4 − 1　二维数组 a

a[0][0]	a[0][1]	a[0][2]
a[1][0]	a[1][1]	a[1][2]

注意： 在使用运算符 new 来分配内存时，对于多维数组，至少要给出最高维的大小。

如果在程序中出现 int a2[][] = new int[][]，编译器将要提示如下错误：

Array dimension missing

4.2.2　二维数组的初始化

为数组分配完空间后，需要对数组进行初始化，可以直接为数组元素赋值来进行初始化，例如：

```
int a[][] = new int[2][2];
a[0][0] = 1;
a[0][1] = 2;
a[1][0] = 3;
a[1][1] = 4;
```

也可以在数组声明的时候为数组初始化，上面的语句也可改成：

```
int a[][] = {{1,2},{3,4}};
```

又例如：

```
int a[][] = {{1},{2,3},{4,5,6}};//定义 3 行二维数组
```

4.2.3　二维数组的引用

对二维数组中每个元素，引用方式为：

```
数组名[index1][index2]
```

其中 index1、index2 为下标，可为整型常数或表达式。同样，每一维的
下标都从 0 开始。

【例 4-3】初始化二维数组，输出数组长度和每个元素的值。

微课：二维数组
实例

```
package chapter04
public class ArrayInit {
  public static void main(String args[]){
    int a[][] = {{1,3},{-5},{3,5,7}};
    int i,j;
    System. out. println("二维数组 a 的长度为:" + a. length);
    for(i = 0;i < a. length;i ++){
    System. out. println("a[" + i + "]的长度为:" + a[i]. length);
    for(j = 0;j < a[i]. length;j ++)
      System. out. print("a[" + i + "][" + j + "] =" + a[i][j] + "\t");
      System. out. println();
    }
  }
}
```

程序运行结果为：

二维数组 a 的长度为:3

a[0]的长度为:2

a[0][0]=1 a[0][1]=3

a[1]的长度为:1

a[1][0]=-5

a[2]的长度为:3

a[2][0]=3 a[2][1]=5 a[2][2]=7

【例 4-4】 二维数组的转置。

```
package chapter04;
public class ArrayConvert {
  public static void main(String args[]){
        int a[][] = {{1,2,3},{4,5,6},{7,8,9},{10,11,12}};
        int b[][] = new int[3][4];
        int i,j;
        System.out.println("数组 a 各元素的值为:");
        for(i=0;i<4;i++){
          for(j=0;j<3;j++)
            System.out.print(a[i][j]+"\t");
          System.out.println();
        }
        for(i=0;i<4;i++)
          for(j=0;j<3;j++)
            b[j][i]=a[i][j];
        System.out.println("数组 b 各元素的值为:");
        for(i=0;i<3;i++){
          for(j=0;j<4;j++)
            System.out.print(b[i][j]+"\t");
        System.out.println();
        }
    }
}
```

程序运行结果为:

数组 a 各元素的值为:

1 2 3

4 5 6

```
7  8  9
10  11  12
数组 b 各元素的值为：
1  4  7  10
2  5  8  11
3  6  9  12
```

4.2.4 数组的常用方法

微课：数组常用
方法

Java 语言提供了一些对数组进行操作的类和方法，使用这些系统定义
的类和方法，可以很方便地对数据进行操作。

1. System 类中的静态方法 arraycopy( )

系统类 System 中的静态方法 arraycopy( ) 可以用来复制数组，其格
式为：

```
public static void arraycopy(Object src,int srcPos,Object dest,int de-
sPos,int length)
```

其中，src 为源数组名，srcPos 为源数组的起始位置，dest 为目标数组名，destPos 为目
标数组的起始位置，length 为复制的长度。

【例 4 - 5】使用 arraycopy( ) 方法复制数组。

```
package chapter04;
public class UserArrayCopy {
  public static void main(String[ ] args){
      int a[ ] = {1,2,3,4,5,6,7};
      int b[ ] = new int [6];
      int i;
      System. arraycopy(a,1,b,2,3);
      for(i = 0;i < b. length;i ++){
        System. out. print("b[ " + i + "]" + " = " + b[ i ] + "");
      }
  }
}
```

程序运行结果为：

```
b[0] = 0b[1] = 0b[2] = 2b[3] = 3b[4] = 4b[5] = 0
```

2. Arrays 类中的方法

java. util. Arrays 类提供了一系列数组操作的方法，下面介绍最常用的两个：

（1）判断数组相等方法 equals

equals 方法用于判断数组是否相等，其格式为：

```
public static boolean equals(数组1,数组2)
```

数组 1 和数组 2 必须是同类型的，只有当两个数组的元素个数相同且对应位置元素也相同时，才表示两个数组相同，返回 true；否则返回 false。

【例 4 - 6】使用 equals( ) 方法判断数组。

```
package chapter04;
import java.util.*;
public class ArrayEquals {
public static void main(String[] args){
    int a[] = {2,4,5,7,9};
    int b[] = {2,4,6,8,9};
    if(Arrays.equals(a,b))
      System.out.println("两数组元素相同");
    else
      for(int i = 0;i < a.length;i ++){
        if(a[i]! = b[i])
        {
          System.out.println("a[" + i + "] = " + a[i]);
          System.out.println("b[" + i + "] = " + b[i]);
        }
      }
    }
  }
```

程序运行结果为：

```
a[2] = 5
b[2] = 6
a[3] = 7
b[3] = 8
```

（2）指定值分配方法 fill

fill 方法实现将指定值分配给数组中的每个元素，其格式为：

```
public static void fill(数组,值)
```

【例 4 - 7】使用 fill 完成指定值。

```
package chapter04;
import java. util. Arrays;
public class ArrayFill {
  public static void main(String[ ]args){
        int a[ ] = {60,74,85,87,79};
        Arrays. fill(a,70);
        for(int i =0;i < a. length;i ++ )
          System. out. println("修改后的数组元素为:" + a[i]);
        }
    }
```

程序运行结果为：

```
修改后的数组元素为:70
修改后的数组元素为:70
修改后的数组元素为:70
修改后的数组元素为:70
修改后的数组元素为:70
```

（3）排序方法 sort

sort 方法实现对数组的递增排序，其格式为：

```
public static void sort(Object[ ]arrayname)
```

其中，arrayname 为要排序的数组名。

【例 4 - 8】使用 sort 方法排序。

```
package chapter04;
import java. util. * ;
class ArraySort{
public static void main(String args[ ]){
    int a[ ] = {7,5,2,6,3};
    Arrays. sort(a);
    for(int i =0;i < a. length;i ++ )
        System. out. print(a[i] + "");
  }
}
```

程序运行结果为：

```
2 3 5 6 7
```

sort 方法存在重载，其格式为：

```
public static void sort(Object[]arrayname,int fromindex,int toindex)
```

其中，fromindex 和 toindex 为进行排序的起始位置和结束位置。注意，排序范围为 fromindex 到 toindex – 1。

例如，上面例题中的

```
Arrays. sort(a);
```

改为：

```
Arrays. sort(a,0,5);
```

（4）查找方法 binarySearch

该方法的作用是对已排序的数组进行二分查找，其格式为：

```
public static int binarySearch(Object[] a,Objct key)
```

其中，a 为已排好序的数组，key 为要查找的数据。如果找到，该方法的返回值为该元素在数组中的位置；如没有找到，该方法返回一个负数。

【例 4 – 9】使用 binarySearch 方法排序。

```
package chapter04;
import java. util. *;
public class ArraySearch {
    public static void main(String args[]) {
        int a[] = {2,4,5,7,9};
        int key,pos;
        key = 5;
        pos = Arrays. binarySearch(a,key);
        if(pos < 0)
            System. out. println("元素" + key + "在数组中不存在");
        else
            System. out. println("元素" + key + "在数组中的位置为" + pos);
    }
}
```

程序运行结果为：

元素 5 在数组中的位置为 2

提醒：增强 for 循环

增强 for 循环（也称 for each 循环）是 JDK 1.5 以后出来的一个高级 for 循环，专门用来遍历数组和集合。其内部原理是一个 Iteration 迭代器，在遍历的过程中，不能对集合中的元素进行增删操作。

Java 增强 for 循环语法格式如下：

```
for(声明语句：表达式)
{
//代码句子
}
```

关于增强 for 循环语法流程的几点解释说明：

①声明语句：声明新的局部变量，该变量的类型必须和数组元素的类型匹配。

②所声明的局部变量作用域限定在循环语句块，其值与此时数组元素的值相等。

③表达式：表达式是要访问的数组名，或返回值为数组的方法。

用增强 for 循环遍历一维数组输出数组元素：

```java
package chapter04;
public class ForTest1 {
    public static void main(String[] args) {
        int values [] = new int[]{10,20,30,40,50};
        for(int i:values)
            System.out.print(i +" ");
    }
}
```

程序运行结果为：

10 20 30 40 50

用增强 for 循环遍历二维数组输出数组元素：

```java
package chapter04;
public class ForTest2 {
    public static void main(String[] args) {
        int[][]arrs = {
```

```
                {1,2,3},
                {4,5,6}
    };
    for(int []arr:arrs) {
    for(int i:arr) {
        System. out. print(i + " ");
    }
    System. out. println();
    }
}
```

程序运行结果为:

```
1 2 3
4 5 6
```

4.3　字符串

字符串是编程中经常使用到的数据结构, 它是一个字符序列, 可以包含字母、数字和其他符号。Java 提供了两个字符串类 String 类和 StringBuffer 类, 并封装了字符串的全部操作。其中, String 用于处理创建后不再改变的字符串, 即字符串常量, String-Buffer 用来处理可变字符串。

4.3.1　String 类

1. String 对象的初始化

String 是比较特殊的数据类型, 它不属于基本数据类型, 但是可以和基本数据类型一样直接赋值, 也可以使用 new 运算符进行实例化。

微课: 字符串

```
String s1 = "abc";
String s2 = new String("abc");
```

注意: 字符串常量与字符常量不同。字符常量是用单引号括起的单个字符, 例如 'a'、'\n' 等; 而字符串常量是用双引号括起的字符序列, 例如 "a"、"Hello" 等。

2. String 类的常用方法

String 类有很多方法, 使用这些方法完成获取字符串长度、字符串比较、字符串连接、字符串截取等操作。String 类的常用方法如下：

（1）字符串的长度

调用 length( )方法获得字符串的长度，格式为：

```
字符串名.length()
```

例如：

```
String str = "Hello!";
System.out.println(str.length());        //字符串长度为6
```

（2）字符串比较

在比较数字时，常用运算符"=="来比较是否相等，但是对于字符串来说，"=="只能判断两个字符串是否为同一个对象（两个对象在内存中存储的地址是否一样），不能判断两个字符串所包含的内容是否相同。

①boolean equals(String str)：比较当前字符串内容是否与参数字符串 str 相同。

②Boolean equalsIgnoreCase(String str)：与 equals( )方法相同，并在比较时忽略字符大小写。

③int compareTo(String str)：按字典顺序与参数指定的字符串比较大小，如果两个字符串相同，则返回0；如果当前字符串对象大于参数字符串，则返回正值，小于则返回负值，返回值为比较的两个字符串从其到第一对不相同字符间的差距。

④int compareToIgnoreCase(String str)：与 CompareTo( )方法相同，并在比较时忽略字符大小写。

```
String str1 = "team";
String str2 = "dream";
System.out.println(str1.equals(str2));                   //false
System.out.println(str1.equalsIgnoreCase("TEAM"));       //true
System.out.println(str1.compareTo(str2));                //16
System.out.println(str1.compareToIgnoreCase(str2));      //16
```

（3）字符串连接

①用字符串连接操作符"+"将两个字符串连接起来的格式为：

```
字符串1 + 字符串2
```

例如：

```
String str1 = "Welcome to";
String str2 = str1 + "Java";   //str2 的值为"Welcome to Java"
```

②用 concat( )方法连接两个字符串的格式为：

```
字符串1.concat(字符串2)
```

该方法的作用是将参数中的字符串 2 连接到字符串 1 的后面，而字符串 1 不变。

例如：

```
String  str1 = "Hello!";
System. out. println(str1. concat("World!"));   //Hello! World!
System. out. println(str1);                      //  Hello!
```

（4）字符串截取

①public String substring(int beginIndex)：截取当前字符串中从 beginIndex 处开始直到最后的子串。

②public String substring(int beginIndex, int endIndex)：截取从 beginIndex 位置起至 endIndex − 1 结束的子串。子串返回的长度为 endIndex − beginIndex。

```
String str = "HelloJavaWorld!";
System. out. print(str. substring(5));        //JavaWorld!
System. out. print(str. substring(5,9));      //Java
```

（5）字符串查询

①public int indexOf(String str)：返回子串 str 在当前字符串中首次出现的位置，若没有查找到字符串 str，则该方法返回值为 − 1。

②public int lastIndexOf(String str)：返回子串 str 在当前字符串中最后出现的位置，若没有查找到字符串 str，则该方法返回值为 − 1。

```
String str = "HelloJavaWorld!";
System. out. println(str. indexOf("a"));        //值为 6
System. out. println(str. lastIndexOf("a"));     //值为 8
```

（6）字符串大小写转换

①public String toLowerCase( )：将字符串中全部字符转换成小写。

②public String toUpperCase( )：将字符串中全部字符转换成大写。

```
String str1 = "java";
String str2 = "JSP";
String strUp = str1. toUpperCase();
String strLow = str2. toLowerCase();
System. out. println(strUp);        //值为 JAVA
System. out. println(strLow);       //值为 jsp
```

③public boolean contains（string s）：返回一个字符串是否存在。

（7）返回指定位置的字符

public char charAt(int index)：返回字符串中 index 位置上的字符，index 值的范围是 0 ~

length -1。

```
String str = "12345678";
System.out.println(str.charAt(4));          //5
```

（8）字符串的开始与结尾

①public boolean startsWith(String prefix)：判断字符串是否以某个字符串作为开始，如果是，则返回 true。例如：

```
String s = "TestGame";
boolean b = s.startsWith("Test");     //true
```

②public Boolean endsWith(String suffix)：判断字符串是否以某个字符串结尾，如果以对应的字符串结尾，则返回 true。例如：

```
String s = "student.doc";
boolean b = s.endsWith("doc");     //true
```

（9）替换指定字符串

①public String replace(char c1, char c2)：用 c2 替换字符串中所有指定的字符 c1，然后生成一个新的字符串，原字符串不发生改变。

```
String s = "abcat";
String s1 = s.replace('a','1');     //1bc1t
```

②public String replaceAll(String s1, String s2)：将字符串中某个指定的字符串 s1 替换为其他字符串 s2，原字符串不发生改变。

```
String s = "abatbac";
String s1 = s.replace First("ba","12");     //a12t12c
```

③public String replaceFirst(String s1, String s2)：将字符串中某个第一次出现的指定字符串 s1 替换为其他字符串 s2，原字符串不发生改变。

```
String s = "abatbac";
String s1 = s.replace("ba","12");     //a12tbac
```

（10）去掉字符串首尾空格

public String trim()：去掉字符串开始和结尾的所有空格，形成一个新的字符串。该方法不去掉字符串中间的空格。

```
String s = "abc abc 123";
String s1 = s.trim();     //abc abc 123
```

（11）类型转换

public static String valueOf( )：将其他数据类型转换为字符串类型。

```
int n = 10;
String s2 = String. valueOf(n);   //10
```

4.3.2   StringBuffer 类

Java 中提供了 java. lang 包中的 StringBuffer 类，用于创建和操作动态字符串。该类对象的值可变，分配的内存可自动扩展。

微课：StringBuffer 类

1. 创建 StringBuffer 类的对象

使用 new 运算符创建 StringBuffer 类的对象，其语法格式如下：

```
StringBuffer()//创建一个空字符串对象,初始容量是 16 个字符
StringBuffer(int capcity)//创建一个长度为 capcity 的空字符串对象
StringBuffer(String s)//创建一个内容为 s 的字符串对象
```

2. StringBuffer 类的常用方法

StringBuffer 类的常用方法如下：

（1）字符追加

方法名：StringBuffer append（String str）

功能：将指定字符串 str 连接到 StringBuffer 对象的内容后面，并返回连接后的 String-Buffer 对象。

（2）插入字符

方法名：StringBuffer insert（int index，String str）

功能：将指定字符串 str 插入 StringBuffer 对象的 index 索引处。

（3）删除字符

方法名：StringBuffer delete（int start，int end）

功能：删除该 StringBuffer 对象从 start 索引处开始到 end − 1 索引处结束的字符内容。

（4）反转字符

方法名：StringBuffer reverse( )

功能：反转该 StringBuffer 对象的字符串值。

【例 4 – 10】StringBuffer 的使用。

```
package chapter04;
public class StringBufferDemo{
  public static void main(String[ ]args){
    StringBuffer strb1 = new StringBuffer("Java");
    String str1 = "_script";
    strb1. append(str1);          //Java_script
```

```
System. out. println(strb1);
StringBuffer strb2 = new StringBuffer("How you?");
String str2 = "are";
strb2. insert(4,str2);            //How are you?
System. out. println(strb2);
StringBuffer strb3 = new StringBuffer("Who are them you?");
strb3. delete(8,13);           //Who are you?
System. out. println(strb3);
StringBuffer strb4 = new StringBuffer("I am OK");
strb4. reverse();            //KO ma I
System. out. println(strb4);
StringBuffer strb5 = new StringBuffer("welcome to Java");
strb5. toString();            //welcome to Java
System. out. println(strb5);
   }
}
```

程序运行结果为：

```
Java_script
How are you?
Who are you?
KO ma I
welcome to Java
```

4.3.3　StringTokenizer 类

程序从外界读取数据时，读入的数据往往是一个长串，需要把长串的数据分界开来。如给多人发送电子邮件，邮件的接收人地址形如 person1@163. com、person2@163. com、person3@163. com，利用 StringTokenizer 类可以方便地去除每一个邮件地址的值。

StringTokenizer 类放在 java. util 包中，需要用 import 关键字。StringTokenizer 类默认会用 5 个符号当作字符串的分解符号，这 5 个符号分别是空格、定位（Tab，\t）、换行（\n）、回车（\r）和进纸（\f）。

1. StringTokenizer 类的初始化

StringTokenizer 类有下面两个常用的构造方法。

①StringTokenizer(String s)：用于为字符串 s 构造一个分析器。

②StringTokenizer(String s, String delim)：用于为字符串 s 构造一个分析器，参数 delim 中的字符被作为分隔符。

2. StringTokenizer 类的常用方法

StringTokenizer 类的常用方法有如下几个：

①countTokens( )：返回 StringTokenizer 类包含的元素个数。

②hasMoreElements( )：判断是否还有更多元素。

③hasMoreTokens( )：判断是否还有更多元素。

④nextElement( )：返回 StringTokenizer 类的下一个元素（对象）。

⑤nextToken( )：返回 StringTokenizer 类的下一个字符串。

通常把 StringTokenizer 对象作为一个字符串分析器，一个分析器可以使用 nextToken( ) 方法逐个获取字符串中的语言符号。每当调用 nextToken( ) 时，都将在字符串中获得下一个语言符号，每获得一个语言符号，字符串分析器中负责计数的变量值自动减 1，该计数变量的初始值等于字符串中的单词数目。

【例 4 – 11】 StringToken 的使用。

```java
package chapter04;
import java.util. * ;
public class StringTokenDemo {
  public static void main(String[] args){
    /* StringTokenizer fenxi = new StringTokenizer ("we are stud,ents"); */
    //使用空格做分隔符
    String str = "we are stud,ents";
    StringTokenizer fenxi = new StringTokenizer(str,",");
    //使用逗号做分隔符
    int count = fenxi. countTokens();
    while(fenxi. hasMoreElements()){
      String s = fenxi. nextToken();
      System. out. println(s);
    }
    System. out. println("共有单词:" + count + "个。");
  }
}
```

程序运行结果为：

```
we are stud
ents
共有单词:2 个。
```

4.3.4 main( )方法的参数

每个 Java 应用程序中都必须包含 "public static void main（String args［］）" 主方法。main( )方法中有一个 String 类型的数组参数 args，用来接收 Java 命令行传送给 Java 应用程序的数据。args 数组中元素的个数就是命令行中给类传递的参数的个数，每个参数直接用空格分开，这些参数称为命令行参数。

在 Eclipse 中运行带命令参数的程序时，在程序中单击右键，在弹出的快捷菜单中选择 "Run As – Open Run Dialog"，然后在图 4 – 1 所示的运行界面选择 "Arguments" 选项卡，在 "Program arguments" 中填写参数 "Welcome to Java"，参数中间用一个空格或者回车间隔开，再单击 "Run" 按钮即可。

图 4 – 1　Arguments 窗口界面

4.4　案例分析

利用本章所学的一维数组等知识点完成一个具有一定功能的综合实例。

4.4.1　案例情景——冒泡排序

冒泡排序的流程是从数列第一个元素开始，扫描待排序的所有元素，在

微课：冒泡排序

扫描过程中对相邻元素进行比较，若从小到大排序，则将较大元素后移，若从大到小排序，则将较小元素后移。每经过一轮排序，最大（或最小）元素移到末尾，此时记下该元素位置，下一轮排序只需要比较到此位置。重复此过程直到比较最后两个元素。

4.4.2　运行结果

数组排序前的元素为：

```
12  25  88  9  63  6
第 5 趟排序结果 12  25  9  63  6  88
第 4 趟排序结果 12  9  25  6  63  88
第 3 趟排序结果 9  12  6  25  63  88
第 2 趟排序结果 9  6  12  25  63  88
第 1 趟排序结果 6  9  12  25  63  88
数组排序后的结果为：
6  9  12  25  63  88
```

4.4.3　实现方案

①可用两层 for 循环来实现此算法：外循环控制扫描的次数，循环次数取决于元素个数；内层循环控制比较次数，循环次数取决于当前要比较到的位置。

②两元素交换需要一个临时变量 temp。

【参考程序】

```java
package chapter04;
public class BubbleSort{
  public static void main(String[]args){
    int intArray[] = {12,25,88,9,63,6};            //初始化数组
    System. out. println("数组排序前的元素为:");
    for(int k =0;k < intArray. length;k ++){
    //显示排序前数组
      System. out. print (intArray[k] +"");
    }
    System. out. println();
    for(int i = intArray. length -1;i >0;i --){     //排序的趟数
      for(int j =0;j <i;j ++){                 //交换的循环次数
        if(intArray[j] >intArray[j +1]){   //由小到大排序
          int temp;
          temp = intArray[j];
          intArray[j] = intArray[j +1];
```

```
                    intArray[j+1] = temp;
                }
            }
        System.out.print("第"+i+"趟排序结果");
        for(int j=0;j<=intArray.length-1;j++)
        //显示每一趟排序结果
            System.out.print(intArray[j]+"");
      System.out.println();
        }
    System.out.println("数组排序后的结果为:");
    for(int k=0;k<intArray.length;k++){
    //显示排序后数组
        System.out.print(intArray[k]+"");
      }
    }
}
```

4.5　任务训练——数组与字符串的使用

4.5.1　训练目的

（1）掌握一维数组的使用；
（2）掌握二维数组的使用；
（3）掌握字符串的使用。

4.5.2　训练内容

1. 完成对正文中各段代码程序效果的演示。
2. 完成思考与练习中程序的编写与调试。
3. 现有一按照由大到小排列的数组 {85，63，49，22，10}，请将键盘输入的数 76 插入其中，使它们仍然按照由大到小的顺序排列。

【程序效果】

```
原数组:85  63  49  22  10  0
请输入要插入的数:76
插入 x 后的数组:85  76  63  49  22  10
```

【解题思路】
（1）从键盘输入数，需要用 Scanner 类完成；

（2）查找所插入数在数组中的位置。

【参考程序】

```java
package chapter04;
import java.util.Scanner;
public class InsertIntoArray{
public static void main(String[] args){
    int  arrayBtoS = new int[6];
    arrayBtoS[0] = 85;
    arrayBtoS[1] = 63;
    arrayBtoS[2] = 49;
    arrayBtoS[3] = 22;
    arrayBtoS[4] = 10;
    System.out.print("原数组:");
    for(int i = 0;i < arrayBtoS.length;i++){
                                                    //显示插入前数组
        System.out.print(arrayBtoS[i] + "");
    }
    System.out.println();
    System.out.print("请输入要插入的数:");
    Scanner input = new Scanner(System.in);
    int x = input.nextInt();
    int i;
    for(i = 0;i < arrayBtoS.length -1;i++){
    //查找插入数的所在位置号
        if(arrayBtoS[i] <= x)
            break;
    }
    for(int j = arrayBtoS.length -1;j > i;j--)//数据往后移
      arrayBtoS[j] = arrayBtoS[j-1];
    arrayBtoS[i] = x;
    System.out.print("插入" + "x" + "后的数组:");
    for(i = 0;i < arrayBtoS.length;i++){            //显示插入后数组
      System.out.print(arrayBtoS[i] + "");
    }
  }
}
```

4. 打印杨辉三角形。杨辉三角形的特点为：

（1）每行的元素个数等于该行的行号，即第 n 行有 n 个元素。

（2）第 1 行只有一个元素 1，从第 2 行开始每行的第一列和最后一个元素为 1，每行的第 n 个元素是上一行第 n – 1 个元素和第 n 个元素的和。

【程序效果】

```
1 0 0 0
1 1 0 0
1 2 1 0
1 3 3 1
```

【解题思路】

（1）杨辉三角形涉及行与列，用二维数组实现；

（2）根据杨辉三角形的特点，用双重循环实现赋值。

【参考程序】

```java
package chapter04;
public class Yanghui {
    public static void main(String[] args){
        int yh[][] = new int [4][4];
        yh[0][0] = 1;
        yh[1][0] = 1;
        yh[1][1] = 1;
        for(int i = 2; i < yh. length; i ++){
            yh[i][0] = 1;
            yh[i][i] = 1;
            for(int j = 1; j < yh[i]. length; j ++)
            yh[i][j] = yh[i-1][j] + yh[i-1][j-1];
        }
        for(int i = 0; i < yh. length; i ++){
          for(int j = 0; j < yh[i]. length; j ++)
          System. out. print(yh[i][j] + "");
        System. out. println();
        }
    }
}
```

5. 录入用户的 18 位身份证号，从中提取用户的生日。

【程序效果】

请输入用户的身份证号码:510211198510128056

该用户生日是:1985 年 10 月 12 日

【解题思路】

（1）18 位身份证号设置成 String 类，用 Scanner 完成输入；

（2）利用 substring( ) 方法完成子串的提取，获得出生年、月和日。

【参考程序】

```
package chapter04;
import java. util. Scanner;
public class GetBirthday{
public static void main(String[ ] args){
    System. out. print("请输入用户的身份证号码:");
    Scanner input = new Scanner(System. in);
    String id = input. next();
    String year,month,day;
    if(id. length()! =18)            //有效身份证号码为 18 位
      System. out. println("\n 身份证号码无效!");
    else{
      year = id. substring(6,10);  //提取年
      month = id. substring(10,12);//提取月
      day = id. substring(12,14);  //提取日
       System. out. println ("\n 该用户生日是:" + year + "年" + month +
"月" + day + "日");
      }
    }
  }
```

4.6　知识拓展

1. 问：程序中定义了数组，编译也没有出错，为什么运行时却出现了错误信息？

答：出现这个错误是因为数组索引越界异常。当数组的索引值为负数或大于等于数组长度时就会出现此错误。因此，调用数组时，要认真检查数组下标是否越界，最好查看一下数组的 length。

2. 问：程序运行时，为什么出现了 java. lang. NullPointerException 错误信息？

答：程序出现空指针，是因为调用了未经初始化的对象或者对象不存在。数组的初始化是为数组分配需要的空间，初始化后的数组依然是空的，因此需要对每个元素进行初始化。

思考与练习

一、选择题

1. 下列数组的初始化正确的是（　　）。

A. int[ ] score = new int[5]；

B. int[ ] score = new int[5]{1，2，3，4，5}

C. int[5] score = new int[ ]{1，2，3，4，5}

D. int score = {1，2，3，4，5}

2. 下列关于数组的说法，错误的是（　　）。

A. 在类中声明一个整型数组作为成员变量，如果没有给它赋值，数组元素值为空

B. 数组中的各元素在内存中是连续存放的

C. 数组必须先声明，然后才能使用

D. 数组本身是一个对象

3. 下面说法正确的是（　　）。

A. 调用 String 对象的 length( ) 属性可获得字符串长度

B. 调用 String 对象的 length 属性可获得字符串长度

C. 调用数组变量的 length( ) 方法可获得数组长度

D. 调用数组变量的 length 属性可获得数组长度

4. 定义一个数组 String[ ]a = {"ab"，"abc"，"abcd"，"abcde"}，数组中的 a[3] 指的是（　　）。

A. ab　　　　　　　B. abc　　　　　　　C. abcd　　　　　　　D. abcde

5. 下面代码片段创建（　　）个对象。

```
int a = 10；
String b = "abc"；
String c = new String("abc")；
MyTest test = new MyTest()；
```

A. 4　　　　　　　B. 3　　　　　　　C. 2　　　　　　　D. 1

二、编程题

1. 编写一个 Java Application 程序，把 100 以内的所有偶数依次赋给数组中的元素，并向控制台输出各元素。

2. 小明要去买一部手机，他询问了 4 家店的价格，分别是 2 800、2 900、2 750 和 3 100 元，编写程序输出最低价。

3. 现有一按照由大到小排列的数组 {85，63，49，22，10}，请将 80（数据从控制台完成输入）插入其中，使它们仍然按照由大到小的顺序排列。

4. 随机输入一个姓名，然后分别输出姓和名。

5. 编写一程序，输入 5 种水果的英文名称（葡萄 grape、橘子 orange、香蕉 banana、苹果 apple、桃 peach），并按字典里出现的先后顺序将其输出。

6. 某公司对固定资产进行编号：购买年份（如 2010 年 3 月购买，则购买年份的编号为 201003）＋产品类型（设 1 为台式机、2 为笔记本、3 为其他，统一采用两位数字表示，数字前面加 0）＋3 位随机数。请编程自动生成公司固定资产产品编号。

学习评价

评价项目	评价内容	分值	得分
一维数组	掌握一维数组的概念及运用	30	
多维数组	掌握多维数组的概念及运用	30	
字符串	掌握字符串的概念及运用	30	
职业素养	循序渐进，触类旁通	10	
合计		100	

第5章

面向对象程序设计

【知识点】 面向对象的基本概念；类的声明、方法的声明和访问权限；类的继承、多态、接口的使用。

【能力点】 掌握面向对象的基本概念，类、方法的声明以及访问，类的继承、多态的实现，接口的使用。

【学习导航】

面向对象的程序设计（OOP）的重要概念将在本章开启，希望能帮助读者为后续的学习奠定基础。本章内容在Java程序开发能力进阶必备中的位置如图5-0所示。

图5-0　本章学习导航

客观世界是由各种各样的事物（即对象）组成的，每个事物都有自己的静态特性和动态行为，不同事物间的相互联系和相互作用构成两个不同的系统，进而构成了整个客观世界。借助Java语言可以把客观世界中的事物转换成计算机可以识别的事物，本章将开启面向对象内容的讲授。

5.1　面向对象概述

面向对象程序设计（Object Oriented Programming，OOP）是目前软件开发的主流方法。

在解决问题过程中，需要采用面向对象的分析与设计方法，类是使用 OOP 解决问题的基础，Java 语言是面向对象程序设计语言的显著代表。

5.1.1　面向对象基本概念

微课：面向对象
基本概念

1. 面向过程与面向对象

面向过程（Procedure Oriented）就是分析出解决问题所需要的步骤，然后用函数把这些步骤一步一步实现，使用的时候依次调用相应函数。

面向对象（Object Oriented）是把构成问题的事物分解成各个对象，建立对象不是为了完成一个步骤，而是为了描述某个事物在整个解决问题的步骤中的行为。

2. 对象（Object）

对象是现实世界中某个具体的物理实体在计算机逻辑中的映射和体现，它是由描述该对象的数据以及可以对这些数据施加的所有操作封装在一起构成的统一体。

对象名：区别于其他对象的标志。

对象属性：表示对象所处的状态。

对象操作：用来改变对象的状态从而达到特定的功能。

> **提醒：** 实体是客观世界中存在的且可相互区分的事物，可以是人也可以是物，可以是具体事物也可是抽象事物。职工、学生、课程、教师、部门等都是实体，它既有静态的属性，又具有动态的行为。

3. 类（Class）

类是对具有相同属性和行为的一个或多个对象的描述，是一种抽象的数据类型，是具有一定共性的对象的抽象。

> **提醒：** 实例是由某个特定的类所描述的一个具体的对象。类是建立对象时使用的"模板"，按照这个样板建立的一个个具体的对象，就是类的一个实际的例子。

举例说明：屏幕上有 3 个大小、颜色、位置各异的圆，可以对它们进行的操作有显示、放大或缩小半径、移动位置等。

4. 消息（Message）

消息机制是对象之间进行通信的一种机制，以实现对象之间的相互通信。消息是指一个对象为执行某项特定操作而向另一个对象发送的请求。

5. 实体、对象、类之间的关系

实体、对象、类存在于不同的世界。通常现实世界中的实体通过大脑的思维后可形成概念世界的抽象数据类，将此抽象数据类用面向对象的语言（如 Java）描述，即可转换成计算机世界中的类，从而完成类到对象的实例化过程，最终完成现实世界中的实体与计算机中的对象之间的映射关系。实体、对象、类在三个世界中的转换如图 5-1 所示。

5.1.2　面向对象的基本特征

一般认为，面向对象的基本特征主要包括抽象、封装、继承和多态。

图 5-1 实体、对象、类在三个世界的转换

1. 抽象

抽象就是忽略一个主题中与当前目标无关的那些方面，以便更充分地注意与当前目标有关的方面。抽象并不打算了解全部问题，而只是选择其中的一部分，并且暂时不考虑细节。比如，要设计一个学生成绩管理系统，考察学生这个对象时，只需要关心他的班级、学号、成绩等，而不用去关心他的身高、体重这些信息。抽象包括两个方面：一是过程抽象，二是数据抽象。过程抽象是指任何一个明确定义功能的操作都可被使用者当作单个的实体看待，尽管这个操作实际上可能由一系列更低级的操作来完成。数据抽象定义了数据类型和施加于该类型对象上的操作，并限定对象的值只能通过使用这些操作来进行修改和观察。

2. 封装

封装是面向对象的特征之一，是对象和类概念的主要特性。封装是把过程和数据包围起来，通过已定义的界面对数据进行访问。类的设计者需要考虑如何定义类的属性和方法，如何设置其访问权限等；而类的使用者只需知道类有哪些功能，可以访问哪些属性和方法。只要使用者使用的界面不变，即使类的内部实现细节发生变化，使用者的代码页也不需要改变，因此封装增强了程序的可维护性。在 Java 中，通过 private 关键字限制对类的成员变量或成员方法的访问来完成封装。

3. 继承

继承是一种连接类的层次模型，它允许和鼓励类的重用，并且提供了一种明确表述共性的方法。对象的一个新类可以从现有的类中派生，这个过程称为类的继承。新类继承了原始类的特性，则新类称为原始类的派生类（子类），而原始类称为新类的基类（父类）。派生类可以从它的基类那里继承方法和实例变量，并且可以通过修改或增加新的方法使自身更适合特殊的需要，这也体现了大自然中一般与特殊的关系。继承性很好地解决了软件的可重用性问题。例如：所有的 Windows 应用程序都有一个窗口，它们都可以看作是从一个窗口类派生出来的；但是有的应用程序用于文字处理，有的应用程序用于绘图，这是由于派生出的不同的子类添加了不同的特性。

4. 多态性

多态性是指允许不同类的对象对同一消息做出响应。比如，用同样的加法把两个时间加

在一起和把两个整数加在一起，结果肯定完全不同。例如：同样的选择、编辑和粘贴操作，在字处理程序和绘图程序中有不同的效果。多态性语言具有灵活、抽象、行为共享、代码共享的优势，很好地解决了应用程序函数同名的问题，使得同一方法作用于不同对象，从而执行不同的代码，得到不同的结果。

面向对象程序设计具有许多优点：

①开发时间短、效率高、可靠性高，所开发的程序更具有健壮性。由于面向对象编程具有可重用性，可以在应用程序中大量采用成熟的类库，因此缩短了开发时间。

②应用程序更易于维护、更新和升级。继承和封装使得应用程序的修改带来的影响更加局部化。

5.2 类

类是现实世界中实体的抽象集合，是封装了数据和其上操作的复杂的抽象数据类型，具有完整的功能和相对的独立性。

5.2.1 定义类

在 Java 语言中，类的定义包括类头和类体两部分内容，其一般格式如下：

微课：定义类

```
[修饰符]class 类名[extends 父类][implements 接口名]
{   类成员变量声明；           //类的静态属性
    类方法声明；               //类的服务或成员函数或方法

}
```

1. 定义类头

①父类名——跟在关键字 extends 后，表示当前类是已经存在的一个类（在类库、同一个程序或其他程序中定义好）的子类。

②接口名——跟在关键字 implements 后，说明当前类中实现了哪个接口定义的功能和方法。

③修饰符——说明类的特殊性质，主类必须是公共类。public 修饰一个类为公共类，说明它可以被其他的类所引用和使用。类声明中的关键字及其含义详见表 5-1。

表 5-1 类声明中的关键字及其含义

序号	关键字	含义	说明
1	public	被声明为 public 的类称为公共类，它可以被其他包中的类引用，否则只能在定义它的包中使用	在一个 Java 源文件中，最多只能有一个 public 类，不允许同时包含多个 public 类或接口

序号	关键字	含义	说明
2	abstract	将类声明为抽象类，抽象类中只有方法的声明，没有方法的实现	包含抽象方法的类为抽象类，抽象方法在抽象类中不做具体实现，具体实现由子类完成
3	final	最终类，不能被其他类所继承，没有子类	一个类不能同时既是抽象类又是最终类，即 abstract 和 final 不能同时出现
4	class	定义类的关键字	每个字母只能小写
5	extends	后接父类名，所定义类继承于指定父类	只能指定一个父类，Java 支持单重继承，默认继承 java. lang. Object 类
6	implements	后接接口名，所定义的类将实现接口名表中只指定的所有接口	可跟多个接口，实现多重继承

2. 类体

类体定义类的具体内容，包括类的属性与方法。

（1）类的属性

描述了该类内部的信息，又称为静态属性，可以是简单变量，也可以是对象、数组等其他复杂数据结构。

```
[修饰符]  变量类型  变量名[ =变量初值]
[修饰符]  类名  对象名[ =new  类名(实际参数列表)]
```

（2）类方法

类方法即成员函数，它规定类属性上的操作，实现类的内部功能机制，同时它也是类与外界进行交互的重要窗口，其定义格式如下：

```
[修饰符]  返回值类型  方法名  (参数列表)[throws 异常名称]
{      局部变量声明；
       语句序列；
}
```

类的方法的作用：

①围绕着类的属性进行各种操作；

②与其他类或对象进行数据交流、消息传递等操作。

【例 5 -1】定义一个学生类。

```java
package chapter05;
public class StudentDemo {              //定义主类
public static void main(String[] args){
    Student stu = new Student();              //创建学生类对象
    stu.setInfo("王华",true,19,45.5);                //调用对象方法传递参数
    stu.getInfo();              //调用对象方法显示输出
}
}
class Student              //学生类
{
    public static int iCounter = 0;              //保存学生总人数
    String stuName;              //学生姓名
    boolean Sex;              //学生性别
    int Age;              //学生年龄
    double stuHeight;              //学生身高
    public static void getCounter(){
    System.out.println("学生总数:" +++iCounter);
}
public void getInfo(){
    System.out.println("姓名:" + stuName + "\t");
    if(Sex == false)
    System.out.println("性别:" + "女" + "\t");
    else
    System.out.println("性别:" + "男" + "\t");
    System.out.println("年龄:" + Age + "岁" + "\t");
    System.out.println("体重:" + stuHeight + "千克" + "\t");
}
public void setInfo(String n,boolean s,int a,double h){
    stuName = n;
    Sex = s;
    Age = a;
    stuHeight = h;
}
}
```

程序运行结果为:

姓名:王华

性别:男

年龄:19 岁
体重:45.5 千克

5.2.2 成员变量

微课：成员变量

1. 成员变量的分类

成员变量描述了类的静态属性，类的静态属性包括两部分：类的特性和对象的特性。相应的 Java 成员变量也分为两种：类变量和实例变量。类变量和实例变量的作用域为类。

类变量：描述该类的静态属性，被该类所有的对象共享。当类变量的值发生变化时，所有对象都将使用改变后的值。例 5 - 1 中的 iCounter 就是一个类变量，用来记录学生总人数。

实例变量：与具体对象有关，记录了对象的状态和特征值，使得每个对象具有各自的特点，便于区分。例 5 - 1 中的 stuName、Sex 和 Age 都是实例变量，用来描述不同学生的姓名、性别和年龄。

> **提醒：** 局部变量是指定义在语句块或方法内的变量。局部变量仅在定义该变量的语句块或方法内起作用，而且要先经过定义赋值才能使用。若某局部变量与类的实例变量或类变量相同，则该实例变量或类变量在方法中暂时被"屏蔽"起来，不起作用，只有同名的局部变量起作用；只有退出这个方法后，实例变量和类变量才起作用，此时局部变量不可见。

2. 成员变量的使用

类的成员变量的定义的一般格式如下：

［修饰符］　变量类型　变量名［=变量初值］;

● 成员变量声明语句中修饰符的具体含义如下。

final：表示该变量是最终变量。声明为 final 的变量，必须在被声明时包含一个初始化语句来对其赋值。final 修饰符常常用来声明常量，在定义常量时，标识符所有字母一般均用大写。

transient：表示将实例变量声明为持久对象的特殊部分。

static：表示定义的是类变量，反之是实例变量。

volatile：表示是并发控制的异步变量。每次在使用 volatile 类型的变量时，都要将它从存储器中重新装载并在使用后存回存储器中。

● 变量类型可以是 Java 中任意的数据类型，可以是基本数据类型，也可以是类、接口、数组等复合类型。

● 变量名必须是合法的 Java 标识符，因为成员变量是唯一的，所以在一个类中变量名不可重名。

● 变量初值是在定义变量时，通过赋初值完成，也可以通过编写方法完成，或者使用构造方法完成创建对象的初始化工作。

【**例 5 – 2**】局部变量、实例变量和类变量的应用。

```java
package chapter05;
class variables{
static int x =10;        //类变量
int y =20;               //实例变量
void fun()
{
    System.out.println("x = " + x);
    System.out.println("y = " + y);
    int x =100;          //局部变量,与类变量同名
    int y =200;          //局部变量,与实例变量同名
    int z =300;          //局部变量
    System.out.println("x = " + x);
    System.out.println("y = " + y);
    System.out.println("z = " + z);
}
}
public class varArea {
public static void main(String[] args){
    variables var = new variables();
    var.fun();
}
}
```

程序运行结果为:

```
x =10
y =20
x =100
y =200
z =300
```

5.2.3　成员方法

　　Java 语言中的功能模块称为方法,类似于其他语言中的函数。方法是作用于对象或类上的操作,而成员方法描述了对象所具有的功能或操作,反映了对象的行为,是具有某种独立功能的程序模块。一个类或对象可以具有多个成员方法,对象通过执行它的成员方法对传来的消息做出响应,完成特定的功能。

微课: 成员方法

从成员方法的来源看，可以将其分为类库成员方法和用户自定义的成员方法。

①类库成员方法：由 Java 类库提供，编程人员只需按照相应的调用格式去使用这些成员方法即可。Java 类库提供了丰富的类和方法，可以完成常见的算术运算、字符串运算、输入/输出处理等操作。

②用户自定义的成员方法：用户根据实际问题需要编写，并定义方法头和方法体。

类的成员方法的基本格式如下：

```
［修饰符］  返回值类型  方法名(参数列表)［throws 异常名称］
{    局部变量声明；
     语句序列；
}
```

1. 方法头

方法头的格式为：

```
［修饰符］  返回值类型  方法名(参数列表)［throws 异常名称］
```

● 修饰符：可为 private、public、protected 和 default。修饰符将在后续章节详细介绍。

● 返回值类型：无返回值时，为 void 类型；有返回值时，为 Java 中的数据类型。

● 方法名：调用此方法时使用，其命名方法遵守标示符命名规则。方法名是一个动词，如果由两个以上单词组成，第一个单词首字母小写，其后单词首字母大写，如 getDept( )。

● 参数列表：可以有参数，也可无参数，有参数时，多个参数之间用逗号隔开。

● 异常名称：参见第 6 章。

2. 方法体

方法所完成的操作包含在方法体中，方法体包含了所有合法的 Java 指令。方法体可以拥有自己的局部变量，可以引用类（或其父类）的成员变量和方法。

（1）方法调用时的参数传递

方法声明中，参数列表中的参数称为形式参数。直到方法真正被调用时，形式参数才被变量或其他数据取代，而这些具体的变量或数据被称为实际参数。调用一个方法时，实际参数的类型与顺序要完全与形式参数相对应。方法的参数传递按照参数的类型分为传值调用与传引用调用两种。

微课：参数传递

● 传值调用：方法的参数类型为基本类型，不会改变所传实际参数的数值。

● 传引用调用：方法的参数类型为复合类型，复合类型变量中存储的是对象的引用，形式参数与实际参数为同一个数据（同一内存空间），对任何形式参数的改变都会影响到对应的实际参数。

【例 5-3】参数传值调用与传引用调用。

```
package chapter05
public class PassingParam {
    static class OneObject{
    public String X = "a";
```

```
        }
static void changeParam(int Y,OneObject obj)
//Y 为传值调用,obj 为传引用调用
{
    Y = 10;
    obj.X = "b";
}
public static void main(String[ ]args){
    OneObject obj1 = new OneObject();
    int a = 9;
    System.out.println("Before:a = " + a + ",obj1.X = " + obj1.X);
    changeParam(a,obj1);
    System.out.println("After:a = " + a + ",obj1.X = " + obj1.X);
    }
}
```

程序运行结果为:

```
Before:a = 9,obj1.X = a
After:a = 9,obj1.X = b
```

（2）方法的嵌套和递归调用

如果一个方法的方法体中调用了另外的方法，则称为该方法的嵌套调用。

【例 5 - 4】计算 1! + 2! + 3! + … + 10!。

微课：方法的嵌套
与递归调用

```
package chapter05;
public class MethodNestDemo {
public static void main(String[ ] args){
    int i;
    int sum = 0;
    for(i = 1;i <= 10;i ++)           //1 到 10 阶乘求和
    {
        sum += fact(i);
    }
    System.out.println("1! + 2! + 3! + ... + 10! = " + sum);
}
static int fact(int n)           //计算 1 到 10 每个数的阶乘
{
    int fac = 1;
```

```
    for(int i = n;i > 0;i --)
    fac * = i;
    return fac;
    }
}
```

程序运行结果：

```
1! + 2! + 3! + ... + 10! = 4037913
```

如果一个方法在其方法体中直接地调用了自身，则称为直接递归方法；如果一个方法通过调用其他方法而间接地调用到自身，则称为间接递归方法。

【例 5 - 5】 用递归方法求 1 + 2 + 3 + ⋯ + n。

```
package chapter07;
import javax. swing. *;
public class Sum{
static int sum(int n)
{
if(n < 1)          //递归结束条件
    return 0;
else
    return sum(n - 1) + n;          //递归公式
}
public static void main(String[ ] args){
    int n = 0, result;
    n = Integer. parseInt(JOptionPane. showInputDialog("请输入一个数:",
new Integer(n)));
        result = sum(n);
        System. out. println("求和结果为:" + result);
}
}
```

程序运行结果为：

```
请输入一个数:100
求和结果为:5050
```

5.2.4　类的对象

在 Java 语言中，类只有实例化，即生成对象后才能被使用。一个对象的使用分为 3 个阶段：对象的创建、使用和销毁。

微课：对象与
构造方法

1. 对象的声明和创建

创建对象的语法格式：

```
类名　对象名；　　//声明对象
对象名＝new 类名(参数);//创建对象
```

对象内存空间的分配并不由对象的声明完成，而是通过 new 运算符来完成。new 运算符使系统为对象分配内存空间，并且实例化一个对象。new 运算符调用类的构造方法，返回该对象的一个引用。它可以为一个类实例化多个不同的对象，这些对象暂放于不同的存储空间，改变其中的一个对象的属性值，不会影响其他对象的属性值。

在声明的同时也可以创建对象，如：

```
类名　对象名＝new 类名(参数);//声明并创建对象
```

2. 对象的使用

对象的使用包括使用对象的成员变量和成员方法，通过运算符 "." 可以实现对成员变量的访问和对成员方法的调用。

访问对象的成员变量的格式为：

```
对象名. 成员变量名；
```

对象名表示是一个已经存在的对象。

访问对象的成员方法的格式为：

```
对象名. 成员方法名(参数列表);
```

创建简单数据类型的变量和创建某类的对象在根本思想上实际上是一致的：创建变量是以某一个数据类型为模板，这个数据类型上有哪些操作，新建的变量就可以做哪些操作；创建对象是以某个类为模板，所创建的对象具有这个类所定义的属性和方法。可见，相对于简单数据类型，类就是用户自己定义的复杂的抽象数据类型；而相对于简单变量，对象就是既包括数据又包括方法代码的复杂数据单位。创建变量与创建对象如图 5 -2 所示。

3. 对象的销毁

Java 语言拥有一套完整的对象垃圾回收机制，即程序开发人员不需要手工地回收废弃的对象，垃圾回收器将回收无用对象所占用的内存资源。但是，这个垃圾回收器并不是万能的，它需要结合其他的对象回收方法，才能够最终解决对象回收的问题。在 Java 中，共有三种方法可以用来解决对象回收的问题。

(1) 垃圾回收器

垃圾回收器是 Java 平台中使用最频繁的一种对象销毁方法。垃圾回收器会全程侦测 Java 应用程序的运行情况，当有些对象成为垃圾时（程序执行到对象的作用域之外或把对象的引用赋值为 null），垃圾回收器就会销毁这些对象，并释放被这些对象所占用的内存空间。

图 5-2　创建变量与创建对象

（a）创建简单数据类型的变量；（b）创建用户自定义类的对象

（2）finalize 方法

Java 语言中提供了一种 finalize 方法，这是一种 object 类的方法，通过这种方法可以显式地让系统回收这个对象。通常情况下，这种方法被声明为 protected。程序开发人员在必要的时候，可以在自定的类中定义这个方法，这样，在销毁对象时，垃圾回收器会先采用这个方法来销毁对象，并且在下一次垃圾回收动作发生时释放对象的内存。

（3）利用 System. gc 方法强制启动垃圾回收器

垃圾回收器其实是自动启动的，也就是说，垃圾回收机制会自动监测垃圾对象，并在适当的时候启动垃圾回收器来销毁对象并释放内存。但是垃圾回收器也会有不合作的时候，此时垃圾回收器不受程序代码的控制，其具体执行的时间也不确定，从而导致上述的 finalize 方法无法执行，某些对象无法及时销毁。为此，有时候需要使用 System. gc 方法，利用代码来强制启动垃圾回收器，从而销毁对象。

5.2.5　构造方法

构造方法是一个特殊的类方法，其名称与类名相同，没有返回类型，它用来完成对新建对象的成员变量进行初始化。构造方法一般声明为 public 访问权限，不能由编程人员显式地直接调用。在创建一个类的对象时，系统会自动地调用该类的构造方法进行对象的初始化。

如果在程序中没有显式的定义类的构造方法，Java 编译器将自动提供一个构造方法，即默认构造方法。这个方法没有参数，其方法体中也没有任何语句，例如：

```
public Student(){
}
```

【例 5-6】使用类的重载构造方法生成不同的箱子对象，计算各箱子体积。

```
package chapter05;
public class ConstructorDemo{
int width;
int length;
int height;
public ConstructorDemo(int a)    //一个参数
    {
width = a;length = a;height = a;
}
public ConstructorDemo(int a,int b)    //两个参数
{
    width = a;length = b;height = a;
}
public ConstructorDemo(int a,int b,int c)    //三个参数
{
    width = a;length = b;height = c;
}
public int volume()                   //计算体积
{
    return width * length * height;
}
public void display()                 //显示体积
{
    System.out.println("The box volume is:" + this.volume());
}
public static void main(String[ ]args){
    ConstructorDemo c1,c2,c3;
    c1 = new ConstructorDemo(5);            //一个参数的构造函数
    c1.display();
    c2 = new ConstructorDemo(5,6);          //两个参数的构造函数
    c2.display();
    c3 = new ConstructorDemo(5,6,7);        //三个参数的构造函数
    c3.display();
}
}
```

程序运行结果为:

```
The box volume is:125
The box volume is:150
The box volume is:210
```

5.2.6　修饰符

修饰符提供了对类、成员变量及成员方法的访问控制，限定了程序里其他部分对它的访问和调用。

微课：修饰符

> 修饰符 1　修饰符 2　修饰符 N　class　类名{…}
> 修饰符 1　修饰符 2　修饰符 N　数据类型　属性名；
> 修饰符 1　修饰符 2　修饰符 N　方法返回值类型　方法名(形式参数列表){…}

1. 类的修饰符

类的修饰符有 4 个，分别为 default、public、final 和 abstract。

（1）default

指在没有用任何修饰符的情况下，对变量或方法采用默认的访问权限，即表明该变量或方法可被同一包中的其他类存取。

（2）public

意为"公共的"，将一个类声明为公共类，则它可以被任何对象访问。另外，一个程序的主类必须是公共类。

（3）final

意为"最终的"，将一个类声明为最终类（即非继承类），则表示它不能被其他类继承，其方法也不能被覆盖。

（4）abstract

意为"抽象的"，将一个类声明为抽象类，只是先定义一些方法规格，没有实现的方法，实现方法需要子类提供。final 与 abstract 不能复合使用，因为两者会产生冲突。

2. 成员变量修饰符

成员变量修饰符分为两类：访问控制修饰符，如 default、public、protected、private；存在修饰符，如 static、final。访问控制修饰符是指控制类间对成员变量的访问，存在修饰符是指成员变量本身存在类中的特性。

（1）访问控制修饰符

default：指在没有任何修饰符的情况下，系统会对成员变量采用默认的访问权限，即表明该成员变量可被同一包中的其他类存取。

public：使成员变量可被该类的实例或继承该类的子类所访问。

protected：使成员变量可被该类中的方法、同一包中的类或此类扩展的子类（可存在于其他包）访问。

private：使成员变量受限于该类内部的访问，而其他类包括扩展的子类都不能访问。此类成员变量属于类内部数据，仅用于类内部处理。

（2）存在修饰符

static：此修饰符修饰的成员变量数据只有一份，不会因实例的产生而产生另外的副本。这种成员变量称为类变量。

final：此修饰符使成员变量的值只能被设置一次，而不能被其他类或该类更改。

3．方法修饰符

大部分方法修饰符的种类及意义与成员变量修饰符一样，只不过前者多了一种存在修饰符 abstract 以及多线程使用的操作性修饰符 synchronized。

访问控制修饰符：public、protected、private。

存在修饰符：static、abstract、final。

操作修饰符：synchronized。

（1）方法控制修饰符

方法控制修饰符与成员变量修饰符一样，这里不再赘述。

（2）方法存在修饰符

static：此修饰符会使方法唯一，并使其处于与类同等的地位，而不会因实例的产生受到影响。

static 方法在使用上应注意以下事项：

①只能使用 static 变量，否则会使编译出错。

②一个类中的 static 方法，可直接用该类的名称来访问。

abstract：抽象方法存在于抽象类中，并不编写程序代码，留给继承的子类来覆盖。声明抽象方法时，大括号 {} 里的内容为空。

final：此修饰符修饰的方法不能被其他类更改程序内容，即使是继承的子类也不能。

（3）方法操作修饰符

synchronized：用于多线程同步处理。被 synchronized 修饰的方法，一次只能被一个线程使用，只有该线程使用完毕，才可以被其他线程使用。

大多数情况下，修饰符是可以混合使用的，例如类的三个修饰符 public、final 和 abstract 之间并不互斥。

一个公共类可以是抽象的，例如：

```
public abstract class transportmeans…
```

一个公共类也可以是 final 的，例如：

```
public final class Socket…
```

但是需要注意的是，一个抽象类不能同时被 final 修饰符所限定，即 abstract 和 final 不能共存。因为抽象类没有自己的对象，其中的抽象方法也要到子类中才能具体实现，所以被定义为 abstract 的类通常都应该有子类；而 final 修饰符则规定当前类不能有子类，二者显然是矛盾的。下面是一些修饰符混合使用时需要注意的问题：

①abstract 不能与 final 并列修饰同一个类；

②abstract 不能与 private、static、final 或 native 并列修饰同一个方法；

③abstract 类中不能有 private 的成员（包括属性和方法）；

④abstract 方法必须在 abstract 类中；

⑤static 方法中不能处理非 static 的属性。

5.2.7　静态属性、静态方法与静态初始化器

微课：静态属性、
静态方法与静态
初始化器

static 称为静态修饰符，可以用来修饰类中的属性和方法。

1. 静态属性

被 static 修饰的属性称为静态属性，这类属性的一个最本质的特点是：它们是类的属性，而不属于任何一个类的具体对象。换句话说，对于该类的任何一个具体对象而言，静态属性是一个公共的存储单元，任何一个类的对象访问它时，取到的都是相同的数值；同样，任何一个类的对象修改它时，也都是在对同一个内存单元做操作。

静态属性节省了空间，保持了类对象的修改一致性。

2. 静态方法

static 修饰符修饰的属性属于类的公共属性，同理，用 static 修饰符修饰的方法，属于整个类的类方法。静态方法中，使用 static 至少有三重含义：

①调用这个方法时，应该使用类名做前缀，而不是某一个具体的对象名。

②非 static 的方法属于某个对象的方法，在创建时对象的方法在内存中拥有自己专用的代码段；而 static 的方法属于整个类的，它在内存中的代码段将随着类的定义而分配和装载，不被任何一个对象专有。

③因为 static 方法是属于整个类的，所以它不能操纵和处理属于某个对象的成员变量，而只能处理属于整个类的成员变量，即 static 方法只能处理 static 的数据。

【例 5-7】静态方法的使用。

```
package chapter05;
public class testStatic{
public static void A(){
    System.out.println("Hello World!");
}
public static void main(String[] args){
    testStatic.A();          //类名 +. 直接调用,不用 new 创建对象
}
}
```

程序运行结果为：

```
Hello World!
```

3. 静态初始化器

静态初始化器是由关键字 static 引导的一对大括号括起的语句组。它的作用与类的构造函数有些相似，都用来完成初始化的工作，但是静态初始化器与构造函数有三点根本的不同：

①构造函数是对每个新创建的对象初始化，而静态初始化器是对每个类进行初始化；

②构造函数是在用 new 运算符产生新对象时由系统自动执行的，而静态初始化器则是在

它所属的类加载入内存时由系统调用运行的；

③不同于构造函数，静态初始化器不是方法，因此没有方法名、返回值和参数列表。

静态数据成员的初始化可以由用户在定义时进行，也可以由静态初始化器来完成。静态初始化是一种在类加载时，做一些起始动作的程序块，它是由 static 加上一组大括号所组成。

```
static{
//程序块
}
```

【例 5 – 8】静态初始化器举例。

```
package chapter05;
public   class StaticInitDemo
{
    static Employee1 Emp1,Emp2;
    public static void main(String args[])
    {
     System. out. println ("Emp1. MinSalary = " + Emp1. MinSalary + "Emp2.
MinSalary = " + Emp2. MinSalary);
    Employee1. MinSalary = 480;        //修改最低工资为 480
    System. out. println("执行赋值 480 后");
     System. out. println ("Emp1. MinSalary = " + Emp1. MinSalary + "Emp2.
MinSalary = " + Emp2. MinSalary);
    }
}
    class Employee1
{  static double MinSalary;    //静态变量最低工资
    static {                  //静态初始化器
        MinSalary = 380;          //初始化静态变量
    }
    }
```

程序运行结果为：

```
Emp1. MinSalary = 380. 0   Emp2. MinSalary = 380. 0
执行赋值 480 后
Emp1. MinSalary = 480. 0   Emp2. MinSalary = 480. 0
```

5.2.8 最终类、最终属性、最终方法与终结器

final 是最终修饰符，它可以修饰类、属性和方法。另外，终结器的关键字与 final 很相近，所以在这里一并介绍。

1. 最终类

如果一个类被 final 修饰符所修饰和限定，说明这个类不可能有子类。如果把一个应用中有继承关系的类组织成一棵倒长的树，所有类的父类是树根，每一个子类是一个分支，那么声明为 final 的类就只能是这棵树上的叶结点，即它的下面不可能再有分支子类。图 5-6 显示的是交通工具类的层次关系树，这里汽车、自行车等都是叶结点（注意，final 类一定是叶结点，而叶结点却不一定是 final 类）。

被定义为 final 的类通常是一些由固定作用来完成某种标准功能的类，如 Java 系统定义好的用来实现网络功能的 InetAddress、Socket 等类都是 final 类。在 Java 程序中，当通过类名引用一个类或其对象时，实际被引用的可能是这个类或其对象本身，也可能是这个类的某个子类及子类的对象，即具有一定的不确定性。将一个类定义为 final，则可以将它的内容、属性和功能固定下来，并与它的类名形成稳定的映射关系，从而保证程序正确无误地引用这个类的所能实现的功能。

2. 最终属性

程序中经常需要定义各种类型的常量，如 15、"Hello" 等，并为它们取一个类似于变量名的标识符名字，这样就可以在程序中通过这个名字来引用常量，而不是直接使用常量数值。final 就是用来修饰常量的修饰符，一个类的成员变量如果被声明为 final，那么它的取值在程序的整个执行过程中都不会改变，即该成员变量就是一个常量。

例如，为了声明雇员工资的最低数值，在 Employee 类的类体中可以增加一个对最低工资的常量声明：

```
static final double m_MinSalary =250;
```

用 final 修饰符声明常量时，需要注意以下几点：

①需要说明常量的数据数型；

②需要同时指出常量的具体取值；

③因为所有类对象的常量成员数值都固定一致，所以，为了节省空间，常量通常被声明为 static。

3. 最终方法

正如 final 修饰符所修饰的成员变量是无法变更的常量一样，它所修饰的类方法也是功能和内部语句不能被更改的最终方法，即不能被当前类的子类重载的方法。在面向对象的程序设计中，子类可以把从父类那里继承来的某个方法改写并重新定义，形成与父类方法同名，解决的问题也相似，但具体实现和功能却不尽相同的新类方法，这个过程称为重载。如果类的某个方法被 final 修饰符所限定，则该类的子类就不能再重新定义与此方法同名的属于自己的方法，而仅能使用从父类继承的方法。这样，就固定了这个方法所对应的具体操作，避免了子类对父类关键方法的错误的重定义，保证了程序的安全性和正确性。

需要注意的是，所有已被 private 修饰符限定为私有的方法，以及所有包含在 final 类中的方法，都被默认地认为是 final 的，因为这些方法要么不可能被子类所继承，要么根本没有子类，即都不可能被重载。

4. 终结器

在面向对象的程序设计中，对象与单纯的变量一样，有其产生和消亡的过程。当一个对象对程序不再有用时，就应该回收它，即释放它所占用的内存空间及其他资源。正如构造函数是创建新对象时的执行方法一样，终结器是回收对象时的执行方法。终结器是名为 finalize 的方法，它没有参数列表和返回值。

在某些面向对象语言（如 C++）中，对象的释放和回收是通过编程人员执行某种特殊操作来实现的，像利用 new 运算符创建对象一样，利用 free 运算符可以回收对象。但在 Java 语言中，为方便、简化编程并减少错误，对象的回收是由系统的垃圾回收机制自动完成的。Java 的垃圾回收机制是一个系统后台线程，它与用户的程序共存，能够检测用户程序中的各种不能再使用的对象并完成这些对象的内存释放工作。在这个过程中，在回收每个垃圾对象的同时，系统将自动调用执行它的终结器方法。

类似于构造函数，终结器方法不是由编程人员显式地调用执行，而是由系统自动执行的。此外，终结器的调用时刻对于编程人员来说也是未知的，它取决于系统的垃圾回收线程。

5.2.9　包

包是 Java 采用的树结构文件系统的组织方式，可把包含类代码的文件组织起来，使其便于查找和使用。包不仅能包含类和接口，还能包含其他包，形成多层次的包空间。包有助于避免命名冲突、形成层次命名空间，从而缩小了名称冲突的范围，易于管理名称。

1. 包的创建

在 Java 程序中，package 语句必须是程序的第一个非注释、非空白行、行首无空格的语句，它用来说明类和接口所属的包。

创建包的一般语法格式为：

```
package 包名
```

关键字 package 后面的是包名，包名由小写字母组成，不同层次的包名之间采用 "." 分隔。上述语句用来创建一个具有指定名字的包，当前 .java 文件中的所有类都被放在这个包中。

例如，创建包的语句为：

```
package com.chapter05;   //对应的文件夹为 com\chapter05
```

其中，package 为关键字，com.chapter05 为包名，语句以分号结尾。

若源文件中未使用 package，则该源文件中的接口和类位于 Java 的默认包中。在默认包中，类之间可以相互使用 public、protected default 的数据成员和成员函数，但默认包中的类不能被其他包中的类引用。

2. 包的引用

将类组织成包为了更好地利用包中的类。一般情况下，一个类只能引用与它在同一个包中的类，如需要使用其他包中的 public 类，则要通过 import 引入，例如：

```
import javax.swing.JOptionPane;
```

上述语句可以把 javax. swing 包里的 JOptionPane 类引用进来。如果需要引用整个包内所有类及接口，就需要使用 * 号：

```
import javax. swing. * ;
```

在一个类中引用一个包中的类时，可采用两种方式：

①类长名（Long Name），即加上包名称的类名，如：

```
java. util. Date date = new java. util. Date ();
```

②类短名（Short Name），需在类程序最前面引入包，然后使用该类名，如：

```
import java. util. Date;
...
Date date = new Date ();
```

3. 设置 CLASSPATH 环境变量

包名在计算机系统中的表现形式为文件夹，一个包即为一个文件夹，它指出了程序中需要使用的 . class 文件的所在之处；另外，能指明 . class 文件夹所在位置的是环境变量 CLASSPATH。当一个程序找不到所需要的其他类的 . class 文件时，系统会自动到 CLASSPATH 环境变量所指明的路径下去查找。

4. Java 常用类库简介

类库就是 Java API（Application Programming Interface，应用程序接口），是系统提供的已实现的标准类的集合。在程序设计中，合理和充分利用类库提供的类和接口，不仅可以完成字符串处理、绘图、网络应用、数学计算等多方面的工作，而且可以大大提高编程效率，使程序简练、易懂。

Java 类库中的类和接口大多封装在特定的包里，每个包具有特定的功能。表 5 - 2 列出了 Java 中一些常用的包及其简要的功能。其中，包名后面带 ". *" 的表示还包括一些相关的包。有关类的介绍和使用方法，Java 中提供了极其完善的技术文档。我们只需了解技术文档的格式，就能方便地查阅文档。

表 5 - 2　Java 常用的类库及其功能

编号	包名	功能
1	java. io	包含了文件系统输入/输出相关的数据流类和对象序列化类
2	java. awt	包含图形界面设计类、布局类、事件监听类和图像类
3	java. lang	包含对象、线程、异常出口、系统、整数等 Java 编程语言的基本类库
4	java. net	包含支持 TCP/IP 网络协议、Socket 类、URL 类等实现网络通信应用的所有类
5	java. util	包括程序的同步类、Date 类和 Dictionary 类等常用工具包
6	java. applet	包含了创建 applet 需要的所有类
7	javax. swing	包含了一系列轻量级的用户界面组件（swing）类
8	java. sql	包含访问和处理来自 Java 标准数据源数据的相关类（JDBC 类）

续表

编号	包名	功能
9	java. beans. *	提供了开发 Java Beans 需要的所有类
10	java. math. *	提供了简明的整数算术以及十进制算术的基本函数
11	java. rmi	提供了与远程方法调用相关的所有类
12	java. security. *	提供了设计网络安全方案需要的一些类
13	java. test	包括以一种独立于自然语言的方式处理文本、日期、数字和消息的类和接口
14	javax. accessibility	定义了用户界面组件之间相互访问的一种机制
15	javax. naming. *	为命名服务提供了一系列类和接口

5. 修饰符的访问限制

Java 语言中有各种不同作用的修饰符，修饰符在不同包中的访问权限是不一样的，详见表 5-3 的访问权限表以及图 5-3 的图示说明。

表 5-3 Java 修饰符访问权限

序号	关键字	类	变量	方法	接口	说明
1	(defalut)	√	√	√	√	可被同一 package 中的类存取
2	public	√	√	√	√	可被别的 package 中的类存取
3	final	√	√			不能有子类，方法不能被重写，变量为常量
4	abstract	√		√	√	类必须被扩展，方法必须被覆盖
5	private		√	√		方法、变量只能在此类中被访问
6	protected		√	√		方法或变量能被同一 package 中的类访问，以及被其他 package 中该类的子类访问
7	static		√	√		定义成员变量及类方法
8	synchronized			√		在某一时刻，只有一个该修饰符修饰的方法在执行

图 5-3 修饰符的图示说明

5.3 类的继承

继承性是面向对象程序设计语言的一个重要特征，通过继承可以实现代码的复用。Java语言中，所有的类都是直接或间接继承 java. lang. Object 类而得到的。被继承的类称为基类或父类，由继承而得到的类称为子类。基类包括所有直接或间接被继承的类。子类继承父类的属性和方法，同时可以修改继承过来的父类的属性和方法，并增加自己新的属性和方法，但 Java 不支持多重继承。例如，对于学生而言，有小学生、中学生和大学生，抽取其共性可形成学生类；对其分别而言，又有小学生的兴趣爱好、中学生的学科分类、大学生的专业等不同。学生类的继承关系如图 5 - 4 所示。

图 5 - 4 学生类的继承关系

5.3.1 类继承的实现

1. 创建子类

Java 中类的继承是通过 extends 关键字来实现的。在定义新类时，使用 extends 关键字指明新类的基类，就在两个类之间建立了继承关系。

微课：类的继承

创建子类的一般格式为：

```
［修饰符］ class 子类名 extends 父类名{
    …
    }
```

子类名为 Java 标识符，子类是父类的直接子类。子类可以继承基类中访问控制为public、protected、default 的成员变量和方法，但不能继承访问控制为 private 的成员变量和方法。

2. 成员变量的隐藏和方法的重写

在类的继承中，若子类中定义了与基类相同的成员变量，则子类中基类的成员变量被隐藏。基类的成员变量在子类对象中仍占据自己的存储空间，子类隐藏基类的同名成员变量只是使它不可见。若子类中定义了与基类相同的成员方法，子类成员方法会清除基类同名的成员方法所占据的存储空间，从而使得基类的方法在子类对象中不复存在。

5.3.2 this 和 super 关键字

1. this 的使用

当成员方法的形参名与数据成员名相同，或者成员方法的局部变量名与数据成员名相同时，可以在方法内借助 this 来表明引用的是类的数据成员，而不是形式参数或局部变量。简单地说，this 代表了当前对象的一个引用，可将其理解为对象的另一个名字，通过该名字可以顺利地访问对象、修改对象的实例变量、调用对象的方法。

【例 5 - 9】this 的使用。

```
package chapter05;
class C{
int a,b;
public C(int a) {          //一个参数的构造方法
    this. a = a;
}
public C(int a,int b) {   //两个参数的构造方法
    this(a);              //引用同类的其他构造方法
    this. b = b;          //访问当前对象的实例变量
}
public int add(){
    return a + b;
}
public void display(){
    System. out. println("a = " + a + ",b = " + b);
    System. out. println("a + b = " + this. add());
    //访问当前对象的成员方法
}
}
public class ThisDemo{
public static void main(String[ ] args){
    C c = new C(4,6);
    c. display();
}
}
```

程序运行结果为：

```
a = 4,b = 6
a + b = 10
```

2. super 的使用

super 表示当前对象的直接基类对象，是当前对象的直接基类对象的引用。若子类的实例变量或成员方法名与基类的相同，当要调用基类的同名方法或使用基类的同名实例变量，则可以使用关键字 super 来指明基类的实例变量和方法。

【例 5 – 10】super 的使用。

```
package chapter05;
class  A{
int x,y;
public A(int x,int y){
    this. x = x;
    this. y = y;
}
public void display(){
    System. out. println("In class A:x = " + x + ",y = " + y);
}
}
class B extends A{
int a,b;
public B(int x,int y,int a,int b){
    super(x,y);   //调用直接基类的构造方法
    this. a = a;
    this. b = b;
}
public void display(){
    super. display();        //调用直接基类的方法
    System. out. println("In class B:a = " + a + ",b = " + b);
}
}
public class SuperDemo {
public static void main(String[ ] args){
    B a = new B(1,2,3,4);
    a. display();
}
}
```

程序运行结果为：

```
In class A:x = 1,y = 2
In class B:a = 3,b = 4
```

【例 5 – 11】 学生类继承关系举例。

用程序描述不同的学生，抽取所有学生的共性并将其定义为学生父类，分别定义子类小学生、中学生和大学生，并在子类中派生出新的特性，如：小学生增加兴趣爱好，中学生增加所属科类，大学生增加专业属性，如图 5 – 5 所示。主类分别实例化不同学生及输出信息。

微课：类继承实例

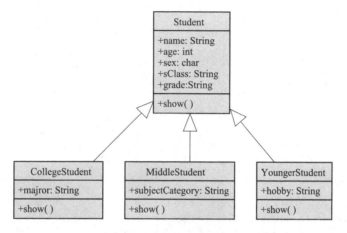

图 5 – 5 类的继承图

```
package chapter05;
import chapter05. student. * ;
public class StudentTest {          //主类
public static void main(String[ ] args){
    YoungerStudent young = new YoungerStudent ("何小筝",9,'女',"3 班","
三年级","唱歌");
    young. show ();
    MiddleStudent middle = new MiddleStudent ("李四平",16,'男',"3 班","
一年级","理科");
    middle. show ();
    CollegeStudent college = new CollegeStudent ("王金全",20,'男',"2
班","二年级","软件技术 2 班");
    college. show ();
    }
    }
```

在包 chapter05. student 中定义 4 个类，分别是父类 Student、子类 YoungerStudent 类（小学生）、MiddleStudent 类（中学生）和 CollegeStudent 类（大学生）。

```
package chapter05. student;
public class Student{          //父类学生类
```

```
    String name;           //姓名
    int age;           //年龄
    char sex;           //性别
    String sClass;           //班级
    String grade;           //年级
    public Student (String name, int age, char sex, String sClass, String
grade){
        this. name = name;
        this. age = age;
        this. sex = sex;
        this. sClass = sClass;
        this. grade = grade;
    }
    public void show(){
        System. out. print("姓名:" + name + "\t 年龄:" + age + "\t 性别:" + sex + "\t
年级:" + grade + "\t 班级:" + sClass);
    }
}
```

定义子类小学生 YoungerStudent：

```
package chapter05. student;
public class YoungerStudent extends Student{           //子类小学生
String hobby;
    public YoungerStudent (String name, int age, char sex, String sClass,
String grade,String hobby){
        super(name,age,sex,sClass,grade);
        this. hobby = hobby;
    }
    public void show(){
        super. show();
        System. out. println("\t 爱好:" + hobby);
    }
}
```

定义子类中学生 MiddleStudent：

```
package chapter05. student;
public class MiddleStudent extends Student{           //中学生
```

```
    String subjectCategory;
    public MiddleStudent (String name, int age, char sex, String sClass,
String grade,String subjectCategory){
        super(name,age,sex,sClass,grade);
        this. subjectCategory = subjectCategory;
    }
    public void show(){
        super. show();
        System. out. println("\t 文理科:" + subjectCategory);
    }
    }
```

定义子类大学生 CollegeStudent：

```
    package chapter05. student;
    public class CollegeStudent extends Student{              //大学生
    String major;
        public CollegeStudent (String name, int age, char sex, String sClass,
String grade,String major){
        super(name,age,sex,sClass,grade);
        this. major = major;
    }
    public void show(){
        super. show();
        System. out. println("\t 专业:" + major);
    }
    }
```

程序运行结果为：

姓名:何小筝	年龄:9	性别:女	年级:三年级	班级:3 班	爱好:唱歌
姓名:李四平	年龄:16	性别:男	年级:一年级	班级:3 班	文理科:理科
姓名:王金全	年龄:20	性别:男	年级:二年级	班级:2 班	专业:软件技术 2 班

5.3.3　抽象类与抽象方法

类是对象的集合，对象是类的实例化。但是，交通工具这个类却不存在一个仅属于它的具体对象，因为任何一件实际的交通工具，不论是汽车、轮船还是航天飞机，在属于交通工具类的同时，又都属于交通工具的某个具体的子类，如汽车属于陆地交通工具、轮船属于海上交通工具……因此，并不存在一种交通工具，它不属于交通工具的任何一个子类，而仅仅是交通工具类的对象，详见图 5 - 6 所示。

微课：抽象类

图 5 - 6　交通工具层次图

1. 抽象类与抽象方法

在 Java 中，用 abstract 关键字修饰的类称为抽象类，用 abstract 关键字修饰的方法称为抽象方法。当一个类的定义完全表示抽象概念时，它不能实例化对象，只能用于被继承。定义抽象类的目的是提供一种可由其子类共享的形式，使子类可以根据自身需要扩展抽象类。抽象类和抽象方法具有如下特征：

①抽象类不能实例化，即不能用 new 来生成一个实例对象。

②抽象方法只有方法名、参数列表及返回值类型，没有方法体，并且必须在子类中给出具体实现。

③一个抽象类可以没有经过定义的抽象方法，但只要一个方法被声明为抽象方法，则该类必须为抽象类。

④若一个子类继承一个抽象类，则需要重写继承的抽象方法；若没有完全实现所有的抽象方法，则该子类仍是抽象方法。

⑤抽象方法可与 public、protected 复合使用，但不能与 final、private 和 static 复合使用。

声明一个抽象类与抽象方法的语法格式为：

```
abstract class 类名{
    …
    abstract 返回值类型　方法名([参数列表]);
}
```

其中，抽象类可以包含抽象方法，并且对抽象方法只需声明而不需要具体的内容。

2. 抽象类与抽象方法的使用

抽象类预先确定了总体结构，缺少实际内容或实现过程，因而不能被实例化，只能被继承。如果以它为基类，用其子类来创建对象，则需要同时将抽象方法重写。

【例 5 - 12】抽象类和抽象方法的使用。

```
package chapter05;
abstract class Shape{              //定义描述形状的抽象类
    public abstract void getArea();          //定义计算面积的抽象方法
}
class Circle extends Shape{          //定义子类 Circle
```

```
    final double PI = 3.14;
    double radius;                //定义圆的半径
    public Circle(double r){
        this.radius = r;
    }
    public void getArea(){        //重写继承的抽象方法计算圆面积
        System.out.println("圆的面积为:" + PI* radius* radius);
    }
}
class Rectangle extends Shape{
    double length;                    //定义矩形的长
    double width;                     //定义矩形的宽
    public Rectangle(double l, double w){
        this.length = l;
        this.width = w;
    }
    public void getArea(){            //重写继承的抽象方法计算矩形面积
        System.out.println("矩形的面积为:" + length* width);
    }
}
public class AbstractDemo{
    public static void main(String[] args){
        Circle cc = new Circle(5.6);
        cc.getArea();                 //调用方法计算圆的面积
        Rectangle rt = new Rectangle(8,6);
        rt.getArea();                 //调用方法计算圆的面积
    }
}
```

程序运行结果为:

```
圆的面积为:98.4704
矩形的面积为:48.0
```

5.3.4　类对象之间的类型转换

类型转换必须在继承层次类之间进行,即基类(超类)对象与子类对象之间在一定条件下可以相互转换。子类是对父类的具体化,父类对象与子类对象之间的相互转换规则如下:

微课:类对象之间
的类型转换

①子类对象名可以赋值给父类对象名，进行自动类型转换，但父类对象名不可以赋值给子类对象名，即，父类对象名＝子类对象名；

②如果一个父类对象名已经被子类对象名所赋值，那么可以将父类对象名经强制转换赋值给子类对象名，即，子类对象名＝（子类类名）父类对象名；

③处于相同层次的类对象之间不能进行转换。

例如，我们说"狗是一种哺乳动物"，即是说哺乳动物这个大类中，狗只是其中的一种，在 Java 语言中表示为哺乳动物（Mammal）是狗（Dog）的父类。如果反过来说"哺乳动物是一种狗"就不对了，因为马、羊等很多动物都是哺乳动物。

定义哺乳动物类：

```
class Mammal{
...
}
  Mammal m = new Mammal();
```

定义狗是一种哺乳动物类：

```
class Dog extends Mammal{
...
}
Dog dog1 = new Dog();
```

可以有如下的赋值：

```
m = dog1;//等价于 Mammal m = new Dog();,表示"狗是一种哺乳动物"
```

当子类对象赋值给父类对象后，父类对象除了可以引用自身所在类的成员外，还能引用和父类同名的成员变量（父类）和方法（子类）。

```
Dog Dog2 = new Mammal();
//父类对象赋给子类对象,说明哺乳动物是狗,显然不对
```

【例 5 –13】父类与之类对象的转换。

```
package chapter05;
public class FatherSonTest {
public static void main(String[] args){
    Father fa = new Father();//父类对象
```

```
    fa. show();
    Son s = new Son();            //子类对象
    s. show();
    Father fb;
    fb = s;            /*当子类对象赋值给父类对象后,父类对象除了可以引用自身
所在类的成员外,还能引用和父类同名的成员变量(父类)和方法(子类)。*/
    fb. show();
    System. out. println(fb. a + "" + fb. b);
    //System. out. println(fb. a + "" + fb. b + "" + fb. c);
    System. out. println(s. a + "" + s. b + "" + s. c);
}
}
class Father{
int a = 1, b = 2;
void show(){
    System. out. println("Father:" + a + "" + b);
}
}
class Son extends Father{
    int b = 3, c = 4;
    void show(){            //重载 show()方法
        System. out. println("Son" + a + "" + b + "" + c);
    }
}
```

程序运行结果为:

```
Father:12
Son134
Son134
12
134
```

5.4　类的多态

多态是面向对象系统中的又一重要特性，是指同名的方法可以根据发送消息对象的传送参数的不同，采取不同行为方式的特性。Java 语言提供了两种多态机制：重载与重写。

微课：类的多态

5.4.1　方法重载

如果在同一个类中定义了多个同名而不同内容的成员方法，那么称这些方法是重载的方法。重载的方法主要通过参数列表中参数的个数、参数的数据类型和参数的顺序来进行区分。Java 编译器会检查每个方法所用的参数数目和类型，然后调用正确的方法。

【例 5 – 14】 重载方法的使用。

```java
package chapter05;
public class AddOverridden {
    int add(int a,int b){            //两个整数的和
    return a + b;
    }
    int add(int a,int b,int c){            //三个整数的和
    return a + b + c;
    }
    double add(double a,double b){            //两个双精度浮点数的和
    return a + b;
    }
    double add(double a,double b,double c){//三个双精度浮点数的和
    return a + b + c;
    }
    public static void main(String[] args){
    AddOverridden obj1 = new AddOverridden();
    System. out. println("Sum(10,20) = " + obj1. add(10,20));
    AddOverridden obj2 = new AddOverridden();
    System. out. println("Sum(10,20,30) = " + obj2. add(10,20,30));
    AddOverridden obj3 = new AddOverridden();
    System. out. println("Sum(10.5,20.5) = " + obj3. add(10.5,20.5));
    AddOverridden obj4 = new AddOverridden();
    System. out. println("Sum(10.5,20.5,30.5) = " + obj4. add(10.5,20.5,
30.5));
    }
    }
```

程序运行结果为：

```
Sum(10,20) = 30
Sum(10,20,30) = 60
Sum(10.5,20.5) = 31.0
Sum(10.5,20.5,30.5) = 61.5
```

5.4.2　方法重写

通过面向对象系统中的继承机制，子类可以继承基类的方法。但是，子类的某些特征可能与基类中继承来的特征有所不同。为了体现子类的这种特性，Java 允许子类对基类的同名方法重新进行定义，即在子类中定义基类中已定义的名称相同而内容不同的方法。这种多态称为方法重写，也称为方法覆盖。

对于重写的方法，Java 运行时系统会根据调用该方法的实例的类型来决定选择哪个进行调用。对子类的一个实例，如果子类重写了基类的方法，则运行时系统调用子类的方法；如果子类继承基类的方法，则运行时系统调用基类的方法。

【例 5 – 15】重写方法的使用。

```java
package chapter05;
class E{
void display(){
    System. out. println("E's method display()called!");
}
void print(){
    System. out. println("E's method print()called!");
}
}
class F extends E{
void display(){
    System. out. println("F's method display()called!");
}
}
public class OverRiddenDemo {
    public static void main(String[] args){
    E e1 = new E();
    e1. display();
    e1. print();
    E e2 = new F();
    e2. display();
    e2. print();
}
}
```

程序运行结果为：

```
E's method display()called!
E's method print()called!
F's method display()called!
E's method print()called!
```

在上例中，程序定义了类 A 和类 A 的子类 B，然后声明类 A 的变量 a1、a2，用 new 建立类 A 的一个实例和类 B 的一个实例，并使变量 a1、a2 分别存储类 A 的实例引用和类 B 的实例引用。Java 程序运行时，系统根据引用的是类 A 的一个实例还是类 B 的一个实例，来确定是调用类 A 的方法 display()还是调用类 B 的方法 display()。

子类在对继承的父类方法重写时应遵循两个原则：

● 改写后的方法不能比被重写的方法有更严格的访问权限；

● 改写后的方法不能比被重写的方法产生更多的例外。

5.5　接　口

为了避免多继承中各基类含有同名成员时，子类中发生引用无法确定的问题，Java 通过 extends 来实现单继承。为了某些时候操作方便、增加 Java 的灵活性，达到多继承的效果，可利用 Java 提供的接口来实现。

一个接口可以从几个接口继承而来，Java 程序一次只能继承一个类，但可以实现多个接口。接口不能有任何具体的方法，但可以用来定义由类使用的一组常量。

5.5.1　接口的定义

Java 中的接口是特殊的抽象类，是一些抽象方法和常量的集合，其主要作用是使得处于不同层次上并且互不相干的类能够执行相同的操作和引用相同的值，而且可以同时实现来自不同类的方法。

微课：接口

接口与普通的抽象类的不同之处在于：接口的数据成员必须被初始化，接口中的方法必须全部都声明为抽象方法。

接口的一般定义格式为：

```
[public]interface 接口名{
[public][static][final]类型　常量名=常量值;
//数据成员必须被初始化
[public][abstract]方法类型　方法名([参数列表]);
//方法必须声明为抽象方法
}
```

其中，interface 是接口的保留字，接口名是 Java 标识符。如果缺少 public 修饰符，则该接口只能被与它在同一个包中的类实现；常量名是 Java 标识符，通常用大写字母标识，常量值必须与声明的类型相一致；方法名是 Java 标识符，方法类型是指该方法的返回值类型。在 Java 程序中接口中的 final 和 abstract 可以省略。

5.5.2　接口的实现

接口中只包含抽象方法，因此不能像一般类那样使用 new 运算符直接产生对象。用户必须利用接口的特性来打造一个类，再用它来创建对象，而利用接口打造新的类的过程，就称为接口的实现。接口实现的一般语法格式为：

```
class 类名 implements 接口名称{      //接口的实现
    //类体
}
```

【例 5 - 16】求给定圆的面积。

```
package chapter05;
interface shape{
double PI = 3.14159;
abstract double area();
}
class Circle implements shape{
double radius;
public Circle(double r){
    radius = r;
}
public double area(){
    return PI * radius * radius;
}
}
public class InterfaceDemo{
public static void main(String[]args){
    Circle cir = new Circle(10);
    System.out.println("Circle area = " + cir.area());
}
}
```

程序运行结果为：

```
Circle area = 314.159
```

在类实现一个接口时，如果接口中的某个抽象方法在类中没有具体实现，则该类是一个抽象类，不能产生对象。

提醒：接口与抽象类的区别如下。

①关键字不同：接口用的是 interface，抽象类用的是 abstract。

②方法存在形式不同：接口中的方法是抽象方法，是不能包含带有方法体的普通方法；抽象类中的方法既可以是抽象方法，也可以有普通方法。

③属性处理不同：接口中的属性是常量，而抽象类中的属性没有限制。

④使用上有所不同：当各个子类都存在一个共同的方法特征，但有各自不同的实现时，一般使用接口。

5.5.3 接口的继承

接口也可以通过关键字 extends 继承其他接口，子接口可以继承父接口中所有的常量和抽象方法。子接口的实现类不仅要实现子接口的抽象方法，而且需要实现父接口的所有抽象方法。

【例 5-17】接口的继承。

```
package chapter05. inherit;
interface shape2D{
double PI = 3.14159;
abstract double area();
}
interface shape3D extends shape2D{   //接口继承
double volume();
}
class Circle implements shape3D{
double radius;
public Circle(double r){
    radius = r;
    }
    public double area(){         //实现间接父接口的方法
        return PI * radius * radius;
    }
    public double volume(){          //实现直接父接口的方法
        return 4 * PI * radius * radius * radius/3;
    }
}
public class InterfaceDemo2{
    public static void main(String[ ]args){
    Circle cir = new Circle(10);
    System. out. println("Circle area = " + cir. area());
```

```
        System. out. println("Circle volume = " + cir. volume ());
    }
}
```

程序运行结果为:

```
Circle area = 314. 159
Circle volume = 4188. 786666666667
```

【例 5 – 18】实现多个接口。

```
package chapter05. mulinherit;
interface shape{
double PI = 3. 14159;
double area ();
double volume ();
}
interface color{
void setcolor(String str);
}
class Circle implements shape,color{    //实现多个接口
double radius;
String color;
public Circle(double r){
    radius = r;
}
public double area (){
    return PI * radius * radius;
}
public double volume (){
    return 4 * PI * radius * radius * radius/3;
}
public void setcolor(String str){
    color = str;
}
String getcolor (){
    return color;
}
}
```

```
public class InterfaceDemo3{
    public static void main(String[ ]args){
    Circle cir = new Circle(10);
    System. out. println("Circle area = " + cir. area());
    System. out. println("Circle volume = " + cir. volume());
    cir. setcolor("Red");
    System. out. println("Circle color = " + cir. getcolor());
    }
    }
```

程序运行结果为：

```
Circle area = 314. 159
Circle volume = 4188. 786666666667
Circle color = Red
```

在实现接口的类中，定义抽象方法的方法体时，一定要声明方法为 public，否则编译会出现如下错误信息：

```
Cannot reduce the visibility of the inherited method from shape
```

中文含义为：不能缩小继承来的方法的访问权限。

5.5.4 接口的多态

接口的使用使得方法的描述和功能实现可以分开处理，这有助于降低程序的复杂性，使设计的程序更灵活，便于扩充和修改。

【例 5 – 19】接口多态的使用。

```
package chapter05. minterface;
interface shape{
double PI = 3. 14159;
double area();
}
class Rectangle implements shape{   //定义 Rectangle 实现接口 shape
double width,height;
public Rectangle(double w,double h){
    width = w;
    height = h;
}
public double area(){
```

```
        return width * height;
    }
}
class Circle implements shape{    //定义 Circle 实现接口 shape
    double radius;
    public Circle(double r){
        radius = r;
    }
    public double area(){
        return PI * radius * radius;
    }
}
public class InterfaceDemo4{
    public static void main(String[ ]args){
        Rectangle rect = new Rectangle(15,20);
        System.out.println("Rectangel area = " + rect.area());
        Circle cir = new Circle(10);
        System.out.println("Circle area = " + cir.area());
    }
}
```

程序运行结果为：

```
Rectangel area = 300.0
Circle area = 314.159
```

在上面的例子中，程序定义了接口 shape，并在类 Rectangle 和类 Circle 中实现了接口 shape。但这两个类对接口 shape 的抽象方法 area() 的实现是不同的，即实现了接口的多态。

5.6　案例分析

5.6.1　案例情景——模拟 ATM 自动取款机

登记持卡人个人信息，并可对此卡进行存款、取款、购物、查询余额等操作。

5.6.2　运行结果

运行结果如图 5 - 7 所示。

微课：模拟 ATM
自动取款机

图 5 - 7　程序运行效果

5.6.3　实现方案

1. 案例分析

①定义主类，完成持卡人信息的录入以及用卡权限的选择；

②定义银行卡类，完成有参数的构造函数的初始化，并完成对存款、取款、购物、查询余额等方法的程序编写。

2. 参考程序代码

```java
//AccountCardTest ATM 主类
package chapter05.project;
import java.util.Date;
import java.util.Scanner;
public class AccountCardTest {          //测试类
public static void main(String[]args){          //程序入口方法
AccountCard.setInterest(0.03);          //年利率
```

```
    System.out.println("年利率:" + AccountCard.getInterest());
  String account;
  String name;
  String id;
  String address;
  double balance;
  Scanner input = new Scanner(System.in);
  System.out.println("请输入账号:");
  account = input.next();
  System.out.println("请输入姓名:");
  name = input.next();
  System.out.println("请输入身份证号:");
  id = input.next();
  System.out.println("请输入地址:");
  address = input.next();
  System.out.println("请输入金额:");
  balance = input.nextDouble();
    AccountCard wang = new AccountCard(account, name, id, address,
balance);
    //通过构造方法初始化持卡人信息
    //AccountCard wang = new AccountCard();  //无参创建类的对象
    int choice;
    double cash;
    do {
        wang.menu();     // 输入数字,选择菜单
        Scanner input2 = new Scanner(System.in);  //从键盘输入数据
        choice = input2.nextInt();
        switch(choice){
          case1:              //存款
            cash = input2.nextDouble();
            wang.deposit(cash);
            break;
          case2:              //取款
            cash = input2.nextDouble();
            wang.withdraw(cash);
            break;
          case3:              //购物
```

```
                cash = input2. nextDouble();
                wang. withdraw(cash);
                break;
            case4:
                wang. query();                //查询
                break;
            case5:
                System. out. println("谢谢您的使用!");
                System. exit(1);
         }
    }while(choice! =5);
}
}
//银行卡类 AccountCard
package chapter05. project;
import java. util. Date;   //导入程序中用到的系统类
public class AccountCard {   //自定义 AccountCard 类
    /*年利率;账号、持卡人姓名、身份证号码、地址;交易金额、交易日期、余额*/
    private static double interest;   //私有、静态
    private String account;   //私有
    private String name;
    private String id;
    private String address;
    private double DWAmount;
    private Date DWDate;
    private double balance;
    /*无参构造方法*/
    public AccountCard(){   //初始化持卡人信息
        super();
        this. account = "1111111110";
        this. name = "王朝";
        this. id = "321020199809181215";
        this. address = "持卡人地址";
        this. balance = 0;
    }
    /*带参构造方法*/
    public AccountCard(String account, String name, String id, String
address,
```

```java
                  double balance) {   //初始化持卡人信息
        super();
        this.account = account;
        this.name = name;
        this.id = id;
        this.address = address;
        this.balance = balance;
    }
    public void menu() {   //菜单方法
        System.out.println("\n 欢迎使用银行 ATM 系统 2.0 版");
        System.out.println("\t1. 存    款");
        System.out.println("\t2. 取    款");
        System.out.println("\t3. 购物付款");
        System.out.println("\t4. 查    询");
        System.out.println("\t5. 退    出");
        System.out.print("选择请输入数字[1-5]:");
    }
public static  double getInterest() {
//静态 getter()
        return interest;
    }
    public static void setInterest(double interest) {
    //静态 setter()
        AccountCard.interest = interest;
    }
    public String getAccount() {   //getter()
        return account;
    }
    public void setAccount(String account) {   //setter()
        this.account = account;          //this 代表当前类的实例
    }
    public String getName() {
        return name;
    }
    public void setName(String name) {
        this.name = name;
    }
    public String getId() {
```

```
        return id;
    }
    public void setId(String id){
        this.id = id;
    }
    public String getAddress(){
        return address;
    }
    public void setAddress(String address){
        this.address = address;
    }
    public void setbalance(Double balance){
        this.balance = balance;
    }
    /*存款、取款、查询;购物支付、禁止透支*/
    public void deposit(double cash){   //类的存款行为(方法)
        System.out.println("=======存款=========");
        System.out.println("您的卡号:" + this.account);
                                        //this 代表当前类的实例
        System.out.println("您的姓名:" + this.name);
        System.out.println("原有余额:" + this.balance);
        System.out.println("现存入:" + cash);
        this.DWAmount = cash;
        balance = this.balance + cash;   //余额自动计算
        System.out.println("最终余额:" + this.balance);
        this.DWDate = new Date();   //记录当天的日期
        System.out.println("存款日期:" + this.DWDate);
    }
    public void withdraw(double cash){   //类的取款行为(方法)
        System.out.println("=======取款=========");
        System.out.println("您的卡号:" + this.account);
        System.out.println("您的姓名:" + this.name);
        System.out.println("原有余额:" + this.balance);
        System.out.println("现取出:" + cash);
        this.DWAmount = cash;
        if((this.balance - cash) > 0){   //禁止透支
            this.balance = this.balance - cash;   //余额自动计算
```

```
        System.out.println("最终余额:"+this.balance);
    }else{
        System.out.println("取出数额太大! 请重新输入。");
    }
    this.DWDate=new Date();   //记录当天的日期
    System.out.println("取款日期:"+this.DWDate);
}
public void query(){     //类的查询行为(方法)
    System.out.println("========查询========");
    System.out.println("您的卡号:"+this.account);
    System.out.println("您的姓名:"+this.name);
    System.out.println("最终余额是:"+this.balance);
    this.DWDate=new Date();   //记录当天的日期
    System.out.println("查询日期:"+this.DWDate);
}
public void purchase(double payment){   //类的付款行为(方法)
    System.out.println("=======购物=========");
    System.out.println("您的卡号:"+this.account);
    System.out.println("您的姓名:"+this.name);
    System.out.println("原有余额:"+this.balance);
    System.out.println("现付出:"+payment);
    this.DWAmount=payment;
    if((this.balance-payment)>0){   //禁止透支
        this.balance=this.balance-payment;   //自动计算余额
        System.out.println("最终余额:"+this.balance);
    }else{
        System.out.println("没有足够的余额!");
    }
    this.DWDate=new Date();   //记录当天的日期
    System.out.println("付款日期:"+this.DWDate);
}
}
```

5.7 任务训练——面向对象程序设计

5.7.1 训练目的

（1）掌握类与对象的创建与使用；

（2）掌握类的继承和多态的使用；

（3）掌握接口的使用。

5.7.2 训练内容

1. 完成对正文中各段代码程序效果的演示。

2. 完成思考与练习中程序的编写与调试。

3. 编写一个程序，实现设置上月电表读数、本月电表读数、显示上月电表读数、显示本月电表读数、计算本月用电数、显示本月用电数、计算本月用电费用、显示本月用电费用的功能。

微课：计算电费

【程序效果】

```
请输入上月电表读数:200
请输入本月电表读数:350
上月电表读数:200 本月电表读数:350
本月用电度数:150
本月费用:75.0
```

【解题思路】

（1）设置定义类 Powermeter，其四个属性 lastRecord、currentRecord、price = 0.5、fee，前两个与后两个数据类型分别是 int 和 double；

（2）利用 Scanner 方法完成电表读数的输入；

（3）用 setRecord( )方法实现上月电表、本月电表度数的设置；showRecord( )方法实现上月电表读数、本月电表读数的显示；showUsedAmount( )显示本月用电度数；showFee( )显示用电费用；calcUsedAmount( )计算本月用电度数；calcUsedFee( )计算本月用电费用。

【参考程序】

主类 PowermeterTest：

```
package chapter05;
public class PowermeterTest{
public static void main(String[]args){
    Powermeter powermeter = new Powermeter();
    powermeter. setRecord();
    powermeter. showRecord();
```

```
    powermeter. showUsedAmount();
    powermeter. calcUsedFee();
    powermeter. showFee();
  }
 }
```

类 Powermeter：

```
package chapter05;
import java. util. Scanner;
//Powermeter 类
public class Powermeter{
int lastRecord;
int currentRecord;
double price = 0. 5;
double fee;
//设置上月电表、本月电表读数
public void setRecord(){
    Scanner input = new Scanner(System. in);
    System. out. print("请输入上月电表读数:");
    lastRecord = input. nextInt();
    System. out. print("请输入本月电表读数:");
    currentRecord = input. nextInt();
}
//显示上月电表、本月电表读数
public void showRecord(){
    System. out. println("上月电表读数:" + lastRecord + "本月电表读数:" +
currentRecord);
  }
//计算本月用电数
//return usedAmount
public int calcUsedAmount(){
    int usedAmount = currentRecord - lastRecord;
    return usedAmount;
  }
//显示本月用电数
public void showUsedAmount(){
  }
```

```
        System.out.println("本月用电度数:" + calcUsedAmount());
    }
    //计算本月用电费用
    public void calcUsedFee(){
        int usedAmount = this.calcUsedAmount();
        fee = usedAmount * price;
    }
    //显示本月用电费用
    public void showFee(){
        System.out.println("本月费用:" + fee);
    }
}
```

5.8 知识拓展

1. 问：Java 中定义类时是否允许嵌套定义？

答：一般在 Java 语言中，类的定义都是平行关系，即在一个类里面不再定义另外一个类；但内部类是指在一个外部类的内部再定义一个类，类名不需要和文件夹相同，可以有private 与 protected 权限，实现隐藏，根据实际情况可进行定义，在此不再赘述。

2. 问：接口与抽象类的区别有哪些？

答：接口中的方法必须全是抽象方法；而抽象类中的方法，可以有抽象的，也可以有具体的。类可以用关键字 implements 实现接口。Java 是单继承的，但是却可以实现多个接口（一个类可以同时继承另一个类，并且实现多个接口）。一个类实现了一个接口，如果这个类不是抽象类，那么它必须实现这个接口中的所有方法；如果是抽象类，则无须实现接口中的所有方法。

思考与练习

一、选择题

1. 构造方法名必须与（　　　）相同，它没有返回值，用户不能直接调用它，只能通过 new 调用。

A. 类名　　　　　B. 对象名　　　　　C. 包名　　　　　D. 变量名

2. 继承是面向对象编程的一个重要特征，它可降低程序的复杂性并使代码（　　　）。

A. 可读性好　　　　　　　　B. 可重用

C. 可跨包访问　　　　　　　D. 运行更安全

3. 在 Java 中，若要使用一个包中的类，首先要求对包进行导入，其关键字是（　　）。

A. import　　　　　B. package　　　　　C. include　　　　　D. interface

4. 下列叙述中，错误的是（　　）。

A. Java 中，方法的重载是指多个方法可以共享同一个名字

B. Java 中，用 abstract 修饰的类称为抽象类，它不能实例化

C. Java 中，接口是不包含成员变量和实现方法的抽象类

D. Java 中，构造方法可以有返回值

5. 构造方法与实例方法的相同之处是（　　）。

A. 两者都有返回类型　　　　　　　B. 两者名字都与类名相同

C. 两者都可有参数列表　　　　　　D. 以上三者都对

二、编程题

1. 编写 Book 类，要求类具有书名、书号、主编、出版社、出版时间、页码、价格，其中页数不能少于 250 页，否则输出错误信息；具有 detail 方法，用来在控制台输出每本书的信息。

2. 编写接口和实现类：动物（Animal）会动，老虎（Tigger）会跑，鸟（Bird）会飞，鱼（Fish）会游。测试运行结果。

学习评价

评价项目	评价内容	分值	得分
面向对象的基本概念	掌握对象的基本概念	10	
类	掌握定义类的基本语法格式	20	
类的继承	掌握类的继承概念及使用	20	
类的多态	掌握类的多态概念及使用	20	
接口	掌握类的接口概念及使用	20	
职业素养	不畏难，程序调试耐心与细心	10	
合计		100	

第6章
异常处理

【知识点】异常及类层次结构；异常类处理机制；自定义异常。

【能力点】掌握异常的定义及其类型；掌握异常的处理机制；掌握对异常的处理。

【学习导航】

程序的健壮性是所有软件都应该具备的，因此程序对异常的处理尤为关键。本章内容在 Java 程序开发能力进阶必备中的位置如图 6-0 所示。

```
                    Java程序开发能力进阶必备
        ┌──────────────────┼──────────────────┐
   ┌─── 语言基础 ───┐   ┌─── 技术基础 ───┐   ┌─── 技能基础 ───┐
   │ 数组与字符串(4) │   │ 输入/输出及     │   │ 数据库编程(10) │
   │                │   │ 文件处理技术(7) │   │               │
   │ 流程控制结构(3) │   │                │   │ 常用实用类(9)  │
   │                │   │ 异常处理(6)     │   │               │
   │ 数据类型与运算符(2)│  │                │   │               │
   │                │   │ 面向对象程序设计(5)│  │ 多线程(8)     │
   │ Java语言概述(1) │   │                │   │               │
   └────────────────┘   └────────────────┘   └───────────────┘
```

图 6-0　本章学习导航

不论是简单程序，还是具备一定功能的复杂程序，在编写和调试过程中，都经常会出现有问题的代码，即使在语法无误的情况下有时也会出现得不到预期效果的情况，对此类问题，Java 语言是通过异常处理技术来解决的。

6.1　异常和异常类

在 Java 语言中，程序运行过程中出现的错误称为"异常"或"例外"，Java 语言通过异常处理机制来处理错误。

微课：异常

6.1.1　异常的定义

在学习 Java 的异常这一概念之前，先看看下面的实例。

【例 6 - 1】 Java 系统对 "除数为 0" 异常的处理。

```
package chapter06;
public class MathDemo{
public static void main(String[ ]args){
    int a =0;
    int b =30/a;    //除数为 0
    System. out. println("b 的值为:" +b);
  }
}
```

程序运行结果如图 6 -1 所示。

```
Exception in thread "main" java.lang.ArithmeticException: / by zero
        at chapter07.MathDemo.main(MathDemo.java:5)
```

图 6 - 1　除数为 0 的异常运行结果

Java 语言中规定除数不能为 0，违反这一规则后，程序就会非正常地中止（产生异常）。因此，在 Java 控制台上出现了图 6 -1 所示的界面。

由上例可知，异常（Exception）就是在程序运行过程中所产生的意外事件，它中断指令的正常执行。异常的表现有多种形式：算术运算错误（被 0 除或数溢出）、数组下标越界、I/O 错误、内存用完、找不到文件、网络连接错误等。

6.1.2　Java 异常类及其层次结构

Java 语言中，异常类是所有 "异常" 的集合。Java 中的异常对象是以类的层次结构进行组织的，异常就是这些异常类的实例。异常类层次的最上层是 Throwable（可抛出），它用于表示所有的 "异常" 情况，是所有异常的一个共同的祖先，即每个异常类都是 Throwable 类的子类。Throwable 类有两个直接子类：Exception 类和 Error 类，其中 Exception 类是用户程序能够捕捉到的异常情况，程序通过产生它的子类来创建异常；Error 类描述的是系统内部错误，一旦产生，程序将无法处理，它表示运行的应用程序中有较严重问题。

除了 Java 类库所定义的异常类之外，用户也可以通过继承已有的异常类来定义自己的异常类，并在程序中使用（利用 throw 产生，catch 捕获）这些异常类。

由图 6 - 2 可知，Java 中的异常和错误的区别在于异常是能被程序自身处理的，而错误是无法处理的。Exception 异常可分为两大类：运行时异常和非运行时异常（编译异常）。程序中应当尽可能去处理这些异常。

运行时异常都是 RuntimeException 类及其子类异常，如 NullPointerException（空指针异常）、IndexOutOfBoundsException（下标越界异常）等。这些异常是不检查异常，即程序中

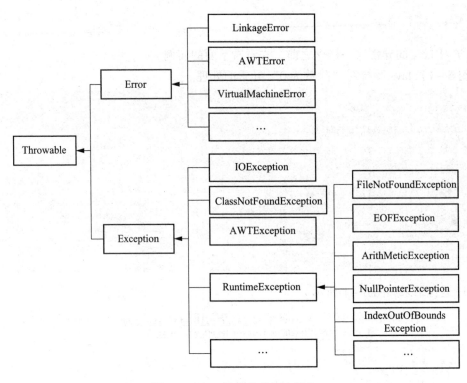

图 6 – 2　Java 异常类的层次结构

可以选择捕获处理，也可以不处理。这些异常一般是由程序逻辑错误引起的，因此，从逻辑角度程序应该尽可能避免这类异常的发生。运行时异常的特点是 Java 编译器不会检查它，也就是说，当出现这类异常时，即使没有用 try – catch 语句捕获它，也没有用 throws 子句声明抛出它，程序也会编译通过。

非运行时异常（编译异常）是 RuntimeException 以外的异常，但都属于 Exception 类及其子类。从程序语法角度讲，非运行时异常是必须进行处理的异常，如果不处理，程序就不能编译通过，如 IOException、SQLException 等以及用户自定义的 Exception 异常，一般情况下不自定义检查异常。表 6 – 1、表 6 – 2 和表 6 – 3 分别列举了 RuntimeException 子类、IOException 异常和其他常见异常及其产生的主要原因。

表 6 – 1　RuntimeException 子类中的异常

序号	异常类	产生原因
1	java. lang. ArrayIndexOutOfBounds-Exception	数组索引越界异常。当对数组的索引值为负数或大于等于数组大小时抛出
2	java. lang. ArithMeticException	算术条件异常。例如：整数除零等
3	java. lang. NullPointerException	空指针异常。当应用程序试图在要求使用对象的地方使用 null 时，抛出该异常。例如：调用 null 对象的实例方法、访问 null 对象的属性、计算 null 对象的长度、使用 throw 语句抛出 null 等

序号	异常类	产生原因
4	java. lang. ClassNotFoundException	找不到类异常。当应用程序试图根据字符串形式的类名构造类，而在遍历 CLASSPAH 之后找不到对应名称的 class 文件时，抛出该异常
5	java. lang. NegativeArraySizeException	数组长度为负异常
6	java. lang. ArrayStoreException	数组中包含不兼容的值抛出的异常
7	java. lang. SecurityException	安全性异常
8	java. lang. IllegalArgumentException	非法参数异常

表 6 - 2　IOException 异常

序号	异常类	产生原因
1	IOException	操作输入流和输出流时可能出现的异常
2	EOFException	文件已结束异常
3	FileNotFoundException	文件未找到异常

表 6 - 3　其他异常

序号	异常类	产生原因
1	ClassCastException	类型转换异常类
2	ArrayStoreException	数组中包含不兼容的值抛出的异常
3	SQLException	操作数据库异常类
4	NoSuchFieldException	字段未找到异常
5	NoSuchMethodException	方法未找到抛出的异常
6	NumberFormatException	字符串转换为数字抛出的异常
7	StringIndexOutOfBoundsException	字符串索引超出范围抛出的异常
8	IllegalAccessException	不允许访问某类异常
9	InstantiationException	当应用程序试图使用 Class 类中 newInstance( ) 方法创建一个类的实例，而指定的类对象无法被实例化时，抛出该异常

6.2　异常处理

如果程序在执行代码时发生了异常，程序会按照预定的处理方法对异常进行处理，异常处理完毕后，程序继续运行。

6.2.1 异常处理机制

微课：异常处理

Java 的异常处理机制为程序提供了处理异常的能力。所谓异常处理，就是在程序中预先想好对异常的处理办法，当运行出现异常时，程序对异常进行处理，处理完毕后，程序继续执行。

在 Java 应用程序中，异常处理机制由抛出异常和捕获异常组成。在异常处理机中，异常被看作对象，但必须是 Throwable 类及其子类所产生的实例对象。Java 创建异常对象后，会将其发送给 Java 程序，这个动作称为抛出（throw）异常，程序捕捉到这个异常后，可以为该异常编写异常处理代码；当程序得到异常对象时，系统将会寻找处理异常的方法，然后把当前异常对象交给该方法处理，这一过程称为捕获（catch）异常。如果没有可以主动捕获异常的方法，系统将终止，程序将退出运行状态。

6.2.2 捕获异常

在 Java 中，可以通过 try/catch/finally 语句捕获异常。其一般语法形式为：

```
try{
    //可能会发生异常的程序代码
}catch(Type1 id1){
    //捕获并处理 try 抛出的第 1 个异常类型
}catch(Type2 id2){
    //捕获并处理 try 抛出的第 2 个异常类型
}
    //多个异常捕获并处理的异常
    //捕获并处理 try 抛出的第 n 个异常类型
finally{
    //无论是否发生异常,都将执行的语句块
}
```

try 块：用于捕获异常，其后可接零个或多个 catch 块，如果没有 catch 块，则必须跟一个 finally 块。

catch 块：用于处理 try 块捕获到的异常。一个 try 块可能有多个 catch 块，此时程序执行第一个匹配块，即 Java 虚拟机会把实际抛出的异常对象依次和各个 catch 代码块声明的异常类型匹配，如果异常对象为某个异常类型或其子类的实例，程序就执行这个 catch 代码块，不再执行后续的 catch 代码块。

finally 块：无论是否捕获或处理异常，finally 块里的语句都会被执行。当程序在 try 块或 catch 块中遇到 return 语句时，finally 语句块将在方法返回之前被执行。

try、catch、finally 语句块的执行顺序：

①当 try 没有捕获到异常时，try 语句块中的语句被逐一执行，程序将跳过 catch 语句块，

执行 finally 语句块和其后的语句。

　　②当 try 语句块里的某条语句捕获到异常，而没有处理此异常的 catch 语句块时，此异常将会抛给 JVM 处理，finally 语句块里的语句还是会被执行，但 finally 语句块后的语句不会被执行。

　　③当 try 捕获到异常，并且 catch 语句块里有处理此异常的语句时，程序在 try 语句块中是按照顺序来执行的。当执行到某一条语句出现异常时，程序将跳到 catch 语句块，并与 catch 语句块逐一匹配，直到找到与之对应的处理程序，而其他的 catch 语句块将不会被执行。在 try 语句块中，出现异常之后的语句不会被执行，catch 语句块执行完后，程序执行 finally 语句块里的语句，最后执行 finally 语句块后的语句。

> **提醒：**
> ①必须在 try 之后添加 catch 或 finally 块。try 块后可同时接 catch 和 finally 块，但至少有一个块。
> ②必须遵循块顺序：若代码同时使用 catch 和 finally 块，则必须将 catch 块放在 try 块之后。
> ③可嵌套 try/catch/finally 结构。

1. try/catch 捕获异常

Java 程序在运行过程中如果出现异常，将创建异常对象，系统将寻找匹配的 catch 子句来捕获异常。若有匹配的 catch 子句，则程序运行其异常处理代码，并以 try/catch 语句结束，其他的 catch 子句不再有匹配和捕获异常的机会。

【例 6 - 2】捕捉 throw 语句抛出的"除数为 0"异常。

```
package chapter06;
public class  DevidedbyZeroException{
    public static void main(String[]args){
    int a = 6;
        int b = 0;
        try{
            if(b == 0)          //两个" =="判断相等
              throw new ArithmeticException();
             //通过 throw 语句抛出异常
            System. out. println("a/b 的值是:" + a/b);
        }
        catch(ArithmeticExceptione){          //catch 捕捉异常
            System. out. println("程序出现异常,变量 b 不能为 0。");
        }
        System. out. println("程序正常结束。");
    }
}
```

程序运行结果为：

> 程序出现异常,变量 b 不能为 0。
> 程序正常结束。

例 6 – 2 中 try 语句块通过 if 语句进行判断，当"除数为 0"的错误条件成立时引发 ArithmeticException 异常，创建 ArithmeticException 异常对象，并由 throw 语句将异常抛给 Java 运行时的系统。系统寻找匹配的异常处理器 catch 并运行相应异常处理代码，打印输出 "程序出现异常，变量 b 不能为 0。"，try/catch 语句结束，程序继续运行。

事实上，"除数为 0"等 ArithmeticException 是 RuntimException 的子类。运行时异常将由系统自动抛出，不需要使用 throw 语句。例 6 – 2 try 语句块中，若将 if 语句去掉，程序运行时会出现"除数为 0"错误，从而引发 ArithmeticException 异常，运行时系统创建异常对象，然后匹配合适的异常处理器 catch，并执行相应的异常处理代码。

如例 6 – 1 所示，如果不捕捉也不声明抛出运行时异常，程序会自动出现错误提示：

```
Exception in thread"main"java. lang. ArithmeticException:/by zero
    at chapter06. MathDemo. main (MathDemo. java:5)
```

2. 多重 catch 捕获异常

对于有多个 catch 子句的异常程序，应该尽量将捕获底层异常类的 catch 子句放在前面，同时尽量将捕获相对高层的异常类的 catch 子句放在后面，否则，捕获底层异常类的 catch 子句将可能会被屏蔽。例如：RuntimeException 异常类包括各种常见的运行时异常，ArithmeticException 类和 ArrayIndexOutOfBoundsException 类都是它的子类，因此，RuntimeException 异常类的 catch 子句应该放在最后面，否则可能会屏蔽其后的特定异常处理或引起编译错误。

【例 6 – 3】多重 catch 举例。

```java
package chapter06;
import java. util. *;
import java. util. Scanner;
public class CalculateException{
public static void main (String[ ]args) {
int result[ ] = {0,1,2};
int operand1 = 0;
int operand2 = 0;
Scanner in = new Scanner (System. in) ;
try{
    System. out. print ("请输入除数:");
    operand1 = in. nextInt () ;
    System. out. print ("请输入被除数:");
```

```
        operand2 = in. nextInt();
        result[2] = operand2/operand1;
        System. out. println("计算结果:" + result[3]);
    }catch(InputMismatchExceptionie){        //类型不匹配异常
        System. out. println("异常:输入不为数字!");
    }catch(ArithmeticException ae){        //算术异常
        System. out. println("异常:除数不能为零!");
    }catch(ArrayIndexOutOfBoundsException aie){   //数组下标越界异常
        System. out. println("异常:数组索引越界!");
    }catch(Exception e){
        System. out. println("其他异常:" + e. getMessage());
    }
    }
    }
```

程序运行结果为:

```
请输入除数:2
请输入被除数:8
异常:数组索引越界!
```

如输入为非 int 类型，将会产生 InputMismatchException 类型不匹配异常；如果输入的除数为 0，将会产生 ArithmeticException 算术异常。

在 Java 语言中，try 语句是可以嵌套的，即一个 try 语句的代码块中可以包含另外一个 try 语句。当一个异常产生时，系统将会先检查直接抛出该异常的代码的 try 语句块，如果该语句块没有对该异常进行处理，异常将会被送到上一级的 try 语句中进行处理，直到该异常被处理为止。

【例 6 - 4】try 语句的嵌套使用。

```
package chapter06;
public class TryNestDemo{
public static void main(String[]args){
    int n = 0;
    try{
        try{
            n = 20/n;        //产生 ArithmeticException 异常
        }catch(NumberFormatException e){
        System. out. println("Divided by zero!");
        System. out. println("异常在内层捕获!");
```

```
        }
    }catch(ArithmeticException e){
        System.out.println("Divided by zero!");
        System.out.println("异常在外层被捕获!");
    }
    }
}
```

程序运行结果为：

```
Divided by zero!
异常在外层被捕获!
```

3. try/catch/finally 语句

finally 语句块用来进行善后处理，完成一些资源释放、清理工作等，例如关闭 try 程序块中打开的文件、断开网络连接等。

【例 6 - 5】带 finally 子句的异常处理程序。

```
package chapter06;
public class ArrayException{
    public static void main(String args[]){
        int i = 0;
        String greetings[] = {"Hello world!","Hello World!!",
            "Hello world!!!"};
        while(i < 4){
        try{
            //特别注意循环控制变量 i 的设计,避免造成无限循环
            System.out.println(greetings[i ++]);
        }catch(ArrayIndexOutOfBoundsException e){
            System.out.println("数组下标越界异常");
        }finally{
            System.out.println(" --------------------------- ");
        }
        }
    }
}
```

程序运行结果为：

```
Hello world!
--------------------------
Hello World !!
--------------------------
Hello world !!!
--------------------------
数组下标越界异常
--------------------------
```

6.2.3　声明异常

声明异常是指一个方法不处理它产生的异常，而是将其向上传递交由该方法的调用者处理。换句话说，声明异常的作用是告知方法的调用者，此方法有未处理的异常，需要进行异常处理，这样，调用者就会做出相应的处理。声明异常的格式为：

[修饰符] <返回类型 >方法名([参数列表])throws 异常列表

异常列表是指可以有多个异常出现，程序声明异常后，同样需要捕获和处理异常。

【例 6 – 6】声明异常举例。

```
package chapter06;
public class ThrowsException{
static int throwsMethod(int a,int b)
throws ArithmeticException,IndexOutOfBoundsException{
    int c[] =new int[2];
    c[0] =a;
    c[1] =b;
    //c[3] =b;          //产生 IndexOutOfBoundsException 异常
    return c[1]/c[0];        //产生 ArithmeticException 异常
    }
public static void main(String[] args){
    try{
        System. out. println(throwsMethod(0,3));
//调用 throwsMethod()方法
    }catch(ArithmeticException ae){      //捕获和处理方法上传的异常
        System. out. println("算术异常");
        ae. printStackTrace();                //调用堆栈的内容打印出来
    }catch(IndexOutOfBoundsException ie){
//捕获和处理方法上传的异常
```

```
System.out.println("数组下标越界异常");
ie.printStackTrace();
}finally{
System.out.print("捕获和处理异常结束");
}
}
}
```

程序运行结果如图 6 – 3 所示。

```
算术异常
java.lang.ArithmeticException: / by zero
        at chapter07.ThrowsException.throwsMethod(ThrowsException.java:8)
        at chapter07.ThrowsException.main(ThrowsException.java:12)
捕获和处理异常结束
```

图 6 – 3　声明异常示例

6.2.4　抛 出 异 常

程序在捕获异常前，必须有代码产生异常对象，并把它抛出。抛出异常的代码一般是 Java 运行时系统自动完成的，但是如果程序员需要主动抛出异常，可以通过 throw 语句实现。throw 语句格式为：

```
throw 异常对象;
```

【例 6 – 7】 主动抛出异常。

```
package chapter06;
public class ThrowException{
public static void main(String[]args){
try{
    throw new NullPointerException();  //主动抛出空指针异常
}
catch(NullPointerException ne){          //捕获和处理异常
    System.out.println("异常");
    ne.printStackTrace();
}finally{
    System.out.println("捕获和处理异常结束");
}
    }
}
```

程序运行结果如图 6 - 4 所示。

```
异常
java.lang.NullPointerException
        at chapter07.ThrowException.main(ThrowException.java:7)
捕获和处理异常结束
```

图 6 - 4　抛出异常示例

6.2.5　自定义异常类

微课：自定义异常类

开发系统时，除了系统提供的异常类外，程序员往往需要自定义异常类。自定义异常类必须继承 Throwable 类或者它的子类，通常是继承 Exception 类。

在程序中使用自定义异常类，大体可分为以下几个步骤：

①创建自定义异常类。

②在方法中通过 throw 关键字抛出异常对象。

③如果在当前抛出异常的方法中处理异常，可以使用 try/catch 语句捕获并处理，否则需要在方法的声明处通过 throws 关键字指明要抛出给方法调用者的异常，继续进行下一步操作。

④在上述方法的调用者中捕获并处理异常。

【例 6 - 8】自定义异常。

```java
package chapter06;
class SelfDefineException extends Exception{      //自定义异常类
    public SelfDefineException(){
    super();
    }
    public SelfDefineException(String str){
    super(str);
    }
}
class Cal{
static void sqrt(double d)throws SelfDefineException{
    if(d<0){
        throw new SelfDefineException("负数不能求平方根,请仔细检查!");
//抛出自定义异常
    }else{
        System.out.println(d+"的平方根为:"+Math.sqrt(d));
    }
}
}
```

```
public class SelfExceptionDemo{
public static void main(String[]args){
    try{
        Cal. sqrt(4);
        Cal. sqrt(-4);                //抛出自定义异常
    }catch(SelfDefineException se){    //捕获和处理自定义异常
        System. out. print("异常");
        se. printStackTrace();
    }finally{
        System. out. println("捕获和处理异常结束");
    }
}
}
```

程序运行结果如图 6-5 所示。

4.0的平方根为：2.0
异常chapter07.SelfDefineException：负数不能求平方根，请仔细检查！
         at chapter07.Cal.sqrt(SelfExceptionDemo.java:15)
         at chapter07.SelfExceptionDemo.main(SelfExceptionDemo.java:26)
捕获和处理异常结束

图 6-5　自定义异常示例

6.3　案例分析

6.3.1　案例情景——身份证验证程序

在 Java 应用程序中输入姓名、性别及身份证号，当身份证长度不等于 18 时，程序将产生异常。

微课：异常处理案例

6.3.2　运行结果

运行结果如图 6-6 所示。

请输入姓名：陈风
请输入性别：女
请输入身份证号：510211199345543
身份证长度应为18！
========结果输出============
该生身份证号为：陈风
该生身份证号为：女
该生身份证号为：null

图 6-6　身份证验证程序效果图

6.3.3　实现方案

1. 案例分析

①定义 Person 类，Person 类有姓名（name）、性别（sex）、身份证号（id）三个属性，同时定义三个方法 setName( )、setSex( )、setID( )来完成信息的初始化；

②setID( )方法里抛出异常 IllegalArgumentException；

③定义主类 IDExceptionProject，完成捕获和处理异常的操作。

2. 参考程序代码

```java
package chapter06;
import java.util.*;
public class IDExceptionProject{
public static void main(String[] args){
    Person per = new Person();
    Scanner in = new Scanner(System.in);
    try{
        System.out.print("请输入姓名:");
        String pername = in.next();
        per.setName(pername);
        System.out.print("请输入性别:");
        char persex = in.next().charAt(0);
        per.setSex(persex);
        System.out.print("请输入身份证号:");
        String perid = in.next();
        per.setId(perid);
    }catch(IllegalArgumentException ie){   //捕获和处理异常
        System.out.println(ie.getMessage());
    }finally{
        System.out.println("========结果输出============");
        System.out.println("该生身份证号为:" + per.name);
        System.out.println("该生身份证号为:" + per.sex);
        System.out.println("该生身份证号为:" + per.id);
    }
}
}
class Person{
String id;
String name;
```

```
char sex;
public void setName(String name){
    this. name = name;
}
public void setSex(char sex){
    this. sex = sex;
}
public void setId(String id){
    if(id. length() ==18){   //判断身份证号码的长度是否为18
        this. id = id;
    }else{
        throw new IllegalArgumentException("身份证长度应为18!");   //抛
出异常
    }
}
}
```

6.4 任务训练——异常及其处理

6.4.1 训练目的

（1）掌握 Java 语言中异常的概念；
（2）掌握 try/catch/finally 语句块处理异常；
（3）掌握自定义异常。

6.4.2 训练内容

1. 完成正文中各段代码的程序效果的演示。
2. 完成思考与练习中程序的编写与调试。
3. 编写一个程序，模拟拨打 10086 语音播报过程。
【解题思路】
（1）利用 Scanner 完成控制台 int 变量的输入。
（2）利用 switch 语句完成各变量的比较。
（3）利用 try/catch/finally 完成 10086 语音播报过程。

【程序效果】

请输入 1~3 之间的数字:
2
修改密码
欢迎致电 10086

【参考程序】

```java
package chapter06;
import java.util.Scanner;
public class TryCatchNum{
    public static void main(String[]args){
    System.out.println("请输入 1~3 之间的数字:");
    Scanner input = new Scanner(System.in);
    try{
        int num = input.nextInt();
        switch(num){
            case1:
                System.out.println("查询余额");
                break;
            case2:
                System.out.println("修改密码");
                break;
            case3:
                System.out.println("修改资费");
                break;
        }
    }catch(Exception ex){
        System.out.println("输入不符合要求,请输入数字!");
        ex.printStackTrace();
    }finally{
        System.out.println("欢迎致电 10086");
    }
    }
}
```

6.5　知识拓展

1. 问: 当有多个 catch 子句时, 其放置位置有何要求?

答: 当程序中有多个 catch 子句处理不同的异常时, 必须从特殊到一般, 即最后一个一般都是 Exception 类。如果前面 catch 子句捕获的异常类是后面异常类的父类，那么后面的 catch 子句将永远不可达。

2. 问：throw 和 throws 有何不同？

答：throws 是复数，声明异常的关键字，并且其后可以有 1 个或多个异常，构成异常列表；throw 是单数，抛出异常的关键字。

思考与练习

一、选择题

1. 异常是产生一个（　　　）。

A. 类　　　　　　　B. 对象　　　　　　　C. 方法　　　　　　　D. Error

2. 下列语句中，（　　）是用来捕获和处理异常的。

A. try/catch　　　B. try/finally　　　C. catch　　　　　　D. finally

3. 直接抛出异常的格式为（　　　）。

A. catch(Exception e)　　　　　　　B. try{ }

C. throw new Exception( )　　　　　　D. throws new Exception( )

4. 在异常处理中，将可能抛出异常的方法放在（　　　）语句块中。

A. throws　　　　　B. catch　　　　　　C. try　　　　　　　D. fianlly

5. 下面属于 Java 异常的是（　　　）。

A. JVM 系统内部错误　　　　　　B. 资源耗尽

C. 对负数开平方根　　　　　　　D. 以上都不是

二、编程题

1. 用 try/catch/finally 结构编写程序，依次显示 ArithmeticException 异常、ArrayIndexOut-OfBoundsException 异常和 Exception 异常的信息。

2. 解释用户自定义异常及应用。

学习评价

评价项目	评价内容	分值	得分
异常和异常类	掌握异常和异常类的概念	40	
异常的处理	掌握异常的处理	50	
职业素养	考虑问题周全，处理问题及时	10	
合计		100	

第7章

输入/输出及文件处理

【知识点】字节流 InputStream 和 OutputStream；字符流 Reader 和 Writer；标准输入和输出流；文件的顺序和随机访问。

【能力点】掌握输入/输出流的使用和文件的访问操作。

【学习导航】

输入/输出技术对程序运行过程中的信息保存是非常重要的。本章内容在 Java 程序开发能力进阶必备中的位置如图 7 - 0 所示。

图 7 - 0　本章学习导航

在 Java 中，所有的 I/O 都是以数据流的形式进行处理的。Java 提供了处理各种数据的数据流，它们可以分为字节数据流和字符数据流。除了输入/输出技术，本章还介绍了文件的访问操作。

7.1　输入/输出流概念

微课：输入/输出流

流是按一定顺序排列的数据的集合，在 Java 中，所有输入和输出都被当作流来处理。例如，字符文件、声音文件或图像文件等都可以看作是数据流。输入数据时，程序打开数据源上的一个流（文件或内存等），然后按顺序输入这个流中的数据，具体过程如图 7 - 1（a）所示，这样的流称为输入流。输出数据时，程序打开一个目的地的流，然后按顺序从程序向这个目的地输出数据，如图 7 – 1（b）所示，这样的流称为输出流。输入和输出的方向是以程序为基准的，向程序输入数据的流定义为输入流，从程序输出数据的流定义为输出流。同样，从输入流中向程序中输入数据称为读数据（read），从程序中将数据输出到输出流中称为写数据（write）。

图 7 – 1　输入流和输出流

(a) 输入流；(b) 输出流

无论是读数据还是写数据，也不管数据流是何种类型，其算法都是基本相同的，其具体步骤一般为：

①打开一个流，while（数据存在时）读数据或写数据；

②关闭流。

7.2　输入/输出流类

Java 开发环境中提供了包 java. io，其中包括了一系列用来实现输入/输出处理的类。Java 语言中的流，从功能上分为输入流和输出流两大类；从流结构上可分为字节流（以字节为处理单位）和字符流（以字符为处理单位）两大类。在 JDK 1.1 版本之前，java. io 包中的流只有普通的字节流，使用这种流来处理 16 位的 Unicode 字符很不方便，所以从 JDK 1.1 版本之后，java. io 包中又加入了专门用来处理字符流的类。在 java. io 包中，字节流的输入流和输出流的基础类是 InputStream 和 OutputStream 这两个抽象类，具体的输入/输出操作由这两个类的子类完成；字符流的输入流和输出流的基础类是 Reader 和 Writer 这两个抽象类。另外，还有一个特殊的类——文件随机访问类 RandomAccessFile，它允许对文件进行随机访问，而且其对象可以对文件进行输入（读）和输出（写）操作。

7.2.1　字节流的 InputStream 类和 OutputStream 类

1. InputStream 类

InputStream 类可以完成最基本的从输入流读取数据的功能，是所有字节输入流的父类，它的多个子类如图 7 – 2 所示。根据输入数据形式的不同，可以创建一个适当的 InputStream 类的子类对象来完成输入。

这些子类对象也继承了 InputStream 类的方法，其中常用的方法有：

（1）读数据的方法

● int read()：从输入流中读取一个字节，返回此字节的 ASCII 码值，其范围在 0 ~ 255 之间，该方法的属性为 abstract，因此必须被子类实现。

● int read(byte[] b)：从输入流中读取长度为 b. length 的数据，写入字节数组 b 中，并返回读取的字节数。

● int read(byte[ ] b, int off, int len)：从输入流中从索引 off 开始的位置读取长度为 len 的数据，写入字节数组 b 中，并返回读取的字节数。

● int available( )：返回从输入流中可以读取的字节数。

● long skip(long n)：从输入流当前读取位置向前移动 n 个字节，并返回实际跳过的字节数。

（2）标记和关闭流的方法

● void mark(int readlimit)：在输入流的当前读取位置作标记，从该位置开始读取由 readlimit 所指定的数据后，标记失效。

图 7 – 2　InputStream 类

● void reset( )：重置输入流的读取位置为方法 mark( )所标记的位置。

● Boolean markSupported( )：判断输入流是否支持方法 mark( )和 reset( )。

● void close( )：关闭并且释放与该流相关的系统资源。

2. OutputStream 类

OutputStream 类可以完成最基本的输出数据的功能，是所有字节输出流的父类，它的多个子类如图 7 – 3 所示。根据输出数据形式的不同，可以创建一个适当的 OutputStream 类的子类对象来完成输出。

这些子类对象也继承了 OutputStream 类的方法，其中常用的方法有：

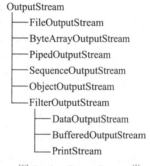

（1）输出数据的方法

● void write(int b)：将指定的字节 b 写入输出流。该方法的属性为 abstract，必须被子类所实现。参数中的 b 为 int 类型，如果 b 的值大于 255，则只输出它的低位字节所表示的值。

● void write(byte[ ] b)：把字节数组 b 中的 b. length 个字节写入输出流。

● void write(byte[ ] b, int off, int len)：把字节数组 b 中从索引 off 开始的 len 个字节写入输出流。

图 7 – 3　OutputStream 类

（2）刷新和关闭流的方法

● flush( )：刷新输出流，并输出所有被缓存的字节。

● close( )：关闭输出流，也可以在运行时系统在对流对象进行垃圾收集时隐式关闭输出流。

7.2.2　字符流的 Reader 和 Writer 类

1. Reader 类

Reader 类包含了许多字符输入流的常用方法，是所有字符输入流的父类。根据需要输入的数据的不同类型，可以创建适当的 Reader 类的子类对象来完成输入操作。Reader 类的类层次结构如图 7 – 4 所示。

这些子类继承了 Reader 类的常用方法，这些方法有：

①读取数据的方法。

● int read( )：读取一个字符。

● int read(char[ ] ch)：读取一串字符放到数组 ch[ ] 中。

● int read(char[ ] ch, int off, int len)：读取 len 个字符到数组 ch[ ] 的索引 off 处，该方法必须被子类实现。

②标记和关闭流的方法与 InputStream 类相同，不再赘述。

2. Writer 类

Writer 类包含了一系列字符输出流需要的方法，可以完成最基本的输出数据到输出流的功能，是所有字符输出流的父类。根据输出数据的类型不同，可以创建适当的 Writer 类的子类对象来完成数据的输出。Writer 类的类层次结构如图 7 – 5 所示。

图 7 – 4   Reader 类   图 7 – 5   Writer 类

这些子类继承了 Writer 类的常用方法，这些方法有：

①输出数据的方法。

● void write(int c)：将指定的整型值 c 的低 16 位写入输出流。

● void write(char[ ] ch)：将字符数组 ch 中的 ch. length 个字符写入输出流。

● void write(char[ ] ch, int off, int len)：将数组 ch 中从索引 off 处开始的 len 个字符写入输出流。

②刷新和关闭流的方法与 OutputStream 类相似，不再赘述。

7.3   标准输入/输出

在一般的应用程序中，需要频繁地向标准输出设备即显示器输出信息，或者频繁地从标准输入设备如键盘输入信息。如果每次在标准输入或输出前都建立流对象，显然是低效和不方便的。因此，Java 语言预先定义了 3 个流对象，它们分别表示标准输入、标准输出和标准错误。其中，标准输入 System. in 作为 InputStream 类的一个实例来实现，标准输出 System. out 作为 PrintStream 类的实例来实现，标准错误 System. elf 也属于 PrintStream 类的实例。

7.3.1　标准输入流

标准输入 System. in 作为 InputStream 类的一个实例，可以使用 read( )和 skip(long n) 两个方法来实现。read( )实现从输入中读一个字节，skip(long n) 实现在输入中跳过 n 个字节。但是这样只能一次输入一个字节，有时候不方便，所以会用到 BuffedReader 和 InputStream Reader 流，前者用来缓冲输入的字符，后者用来将字节转换为字符。

【例 7 - 1】实现从输入流中读一个字节。

```
package chapter07;
import java. io. *;
public class SysRead
{
    public static void main(String args[ ])throws IOException
        //read( )方法会产生异常,所以 main( )方法头部用 throws 抛出异常
    {
    char a;
    System. out. print("输入一个字符:");
    a = (char)System. in. read();
        //read( )方法的返回值是 ASCII 码,所以用(char)进行强制类型转换
    System. out. println("输入的字符是:" + a);
        }
    }
```

程序运行结果为:

```
输入一个字符:a
输入的字符是:a
```

7.3.2　标准输出流

标准输出就是我们熟悉的 System. out，几乎每一个 Java 应用程序中都会用到它。

【例 7 - 2】输出整型变量和字符串的值。

```
package chapter07;
import java. io. *;
public class SysWrite{
    public static void main(String args[ ]){
        int i = 5;
```

```
            System. out. println("i = " + i);
            String s = "Java language";
            System. out. println("s = " + s);
        }
    }
```

程序运行结果为：

```
i = 5
s = Java language
```

7.3.3 标准错误输出流

类变量 err 被定义为 public static final PrintStream err，这个流一般对应显示器输出，而且已经处于打开状态，可以使用 PrintStream 类的方法进行输出。

7.4 常用的文件处理

在输入/输出操作中，最常见的是对文件的操作。对此，java. io 包中的 File 类提供了与平台无关的方法来描述目录和文件对象的属性。

7.4.1 文件的顺序访问

在进行输入/输出操作时，经常会遇到对文件进行顺序访问的问题，对文件进行顺序访问时的一般步骤为：

微课：文件

①使用引用语句引入 "java. io" 包，即 "import java. io. * "；

②根据数据源和输入/输出任务的不同，建立相应的文件字节流（FileInputStream 类和 FileOutputStream 类）或字符流（FileReader 类和 FileWriter 类）对象；

③选定类之后创建该类的对象，创建对象时，一般是通过传入该类构造器的参数来建立流连接；

④完成读和写的操作，一般这些类当中都有 read( ) 或者 write( ) 方法，一个是读入流的方法，一个是写入流的方法；

⑤关闭流对象。

【例 7 - 3】使用字符流顺序访问文件。

```
package chapter07;
import java.io.*;
public class FileIO{
    private String strtemp;//中间变量 strtemp 用于存储每一行数据
    private String strfinal = new String();
    //变量 strfinal 用于存储每一行数据连接后的结果
    public static void main(String[]args)throws IOException{
    FileIO obj = new FileIO();
    obj.open("FileIo.java");   //调用打开文件方法
    obj.saveAs("FileIo.txt");   //调用另存为方法
    }
    public void open(String filename){
    try{
            BufferedReader in = new BufferedReader(new FileReader
(filename));
            while((strtemp = in.readLine())!=null)//读取每一行数据
            strfinal = strfinal + strtemp + "\n";
            //把每一行数据连续存储在 strfinal 中
            in.close();
            }catch(IOException e){}
    }
    public void saveAs(String filename){
    try{
        BufferedReader in = new BufferedReader(new StringReader(strfi-
nal));
        PrintWriter out = new PrintWriter(new BufferedWriter(new File-
Writer(filename)));
        int lineCount = 1;
        while((strtemp = in.readLine())!=null)
        //判断只要还有数据,循环就继续执行
            out.println(lineCount +++ ":" + strtemp);
            //行号 + 内容
    in.close();
        out.close();
    }catch(IOException e){}
    }
}
```

程序运行结果如图 7 - 6 所示。

| FileIO.java | 2015/1/31 星期... | JAVA 文件 | 1 KB |
| FileIo.txt | 2015/1/31 星期... | 文本文档 | 2 KB |

```
Fileio.txt - 记事本
文件(F)  编辑(E)  格式(O)  查看(V)  帮助(H)
1:package chapter07;
2:import java.io.*;
3:public class FileIO {
4:    private String strtemp;
5:    private String strfinal=new String();
6:    public static void main(String[] args)throws IOException{
7:        FileIO obj=new FileIO();
8:        obj.open("FileIo.java");        //调用打开文件方法
9:        obj.saveAs("FileIo.txt");       //调用另存为方法
10:    }
11:    public void open(String filename){
12:        try{
13:            BufferedReader in=new BufferedReader(new FileReader(filename));
14:            while((strtemp=in.readLine())!=null)
15:                strfinal=strfinal+strtemp+"\n";     //内容
16:            in.close();
17:        }catch(IOException e){}
18:    }
19:    public void saveAs(String filename){
20:        try{
21:            BufferedReader in=new BufferedReader(new StringReader(strfinal));
22:            PrintWriter out=new PrintWriter(new BufferedWriter(new FileWriter(filename)));
23:            int lineCount=1;
24:            while((strtemp=in.readLine())!=null)
25:                out.println(lineCount+++":"+strtemp);   //行号+内容
26:in.close();
27:            out.close();
```

图 7 - 6　字符流顺序访问文件时的效果图

7.4.2　文件的随机读写

在访问文件时，不一定都是从文件头到文件尾顺序地进行读/写，也可以将文本文件作为一个类似于数据库的文件，读完一个记录后，可以跳转到另一个记录（这些记录在文件的不同位置），或者可以对文件同时进行读和写的操作等。

Java 提供的 RandomAccessFile 类可以对文件进行随机访问，它直接继承了 Object 类，并且实现了 DataInput 和 DataOutput 接口，因此它的常用方法与 DataInputStream 类和 DataOutputStream 类相似，主要包括从流中读取基本数据类型的数据、读取一行数据或者读取指定长度的字节数等。

构造方法：

● RandomAccessFile(File file, String mode)：使用文件对象 file 和访问文件的方式 mode 创建随机访问文件对象。

● RandomAccessFile(String name, String mode)：使用文件绝对路径 name 和访问文件的方法 mode 创建随机访问文件对象。

RandomAccessFile 类有如下 4 个用来控制文件访问权限的选项：

① "r" 表示文件只读，如果试图进行写操作，将引发异常 IOException。

② "rw" 表示文件可读可写，如果文件不存在，将会先创建该文件。

③ "rws" 表示文件可读可写，并且要求每次更改文件内容或元数据（Metadata）时，将更改的内容同步写到存储设备中。

④ "rwd" 表示文件可读可写，并且要求每次更改文件内容时，将更改的内容同步写到存储设备中。

【例7-4】创建一个随机文件，并向其中写入数值，随后修改其中某个输出的值。

```java
package chapter07;
import java.io.*;
public class RandomIODemo{
    public static void main(String args[])throws IOException{
    RandomAccessFile rf = new RandomAccessFile("rtest.dat","rw");
    //创建一个随机文件,开放读写权限
    for(int i = 0;i < 8;i ++)//往其中写8个double型数值
    rf.writeDouble(i * 3.14);
    rf.close();//关闭文件
    rf = new RandomAccessFile("rtest.dat","rw");
    //使用时打开文件,并开放读写权限
    //定位到文件第40个字节之后,一个double数值占8个字节
    rf.seek(5 * 8);
    rf.writeDouble(33.333);//并修改其内容
    rf.close();//关闭文件
    rf = new RandomAccessFile("rtest.dat","r");//以只读形式打开文件
    for(int i = 0;i < 8;i ++)//以相同的格式输出文件内容
        System.out.print(rf.readDouble() + "\t");
    rf.close();//关闭文件
    }
}
```

程序运行结果为:

```
0.0   3.14   6.28   9.42   12.56   33.333   18.84   21.98
```

7.4.3 目录和文件管理

Java中提供了三种创建方法来生成一个文件对象或者目录。

①根据参数指定的文件路径来创建一个File文件对象。

```java
File file1 = new File("d:\abc\123.txt");
```

②根据给定的目录来创建一个File实体对象,其中"d:\abc"为目录的路径,"123.txt"为文件的名称。

```java
File file2 = new File("d:\abc","123.txt");
```

③根据已知的目录文件对象 File 来创建一个新的 File 实体对象。

```
File file3 = new File( "file2","123. txt");
```

需要说明的是，这三种方法只是生成一个文件对象，并没有生成真正的文件，如果要生成实体的文件，就需要调用 createNewFile( )方法。

【例 7 – 5】在 d 盘的 abc 文件夹下创建一个 123. txt 的文件。

```
package chapter07;
import java. io. *;
public class CreateFile{
        public static void main(String args[ ]){
        File f1 = new File("d:\abc\123. txt");//注意转义字符
        System. out. println(f1);   //输出
        try{
            f1. createNewFile();
        }catch(IOException  e){   }
    }
}
```

程序运行结果为：

```
d:\abc\123. txt
```

7.5   案例分析

利用本章所学的文件处理的相关知识完成一个具有一定功能的综合实例。

微课：文件复制

7.5.1   案例情景——读取文件到内存，在修改后输出

一个很常见的程序化任务就是读取文件到内存，对其加以修改，然后再输出。Java I/O 类库的问题之一就是它需要编写相当多的代码去执行这些常用操作，没有任何基本的帮助功能可以实现这一切。因此，实现一个帮助类就显得相当有意义，这样就可以很容易地完成这些基本任务。

7.5.2   运行结果

程序运行的结果如图 7 – 7 所示（工程所在目录下）。

| FileUtils.java | 2015/1/31 星期... | JAVA 文件 | 1 KB |
| NewFile.txt | 2015/1/31 星期... | 文本文档 | 1 KB |

图 7 - 7　程序运行结果

7.5.3　实现方案

1. 案例分析

①静态方法 read( )用来将文件内容转换成字符串;

②静态方法 write( )用来把保存在字符串中的内容写入文件;

③在 main( )方法中使用上述两个方法来完成文件读取和写入工作。

2. 参考程序代码

```java
package chapter07;
    import java. io. * ;
    public class FileUtils{
        public static String read(String fileName)throws IOException{
        StringBuffer sb = new StringBuffer();
        BufferedReader in = new BufferedReader(new FileReader(fileName));
        String s;
        while((s = in. readLine())! = null){
            sb. append(s);
        sb. append("\n");
        }
        in. close();
            return sb. toString();
            }
        public static void write(String fileName,String text)throws IO-
Exception{
                PrintWriter out = new PrintWriter (new BufferedWriter (new
FileWriter(fileName)));
                out. print(text);
                out. close();
        }
        public static void main(String[ ]args){
            try{
```

```
        StringBuffer sb = new StringBuffer();
        String[]content = read("FileUtils.java").split("\n");
        for(int i = 0;i < content.length;i ++){
            sb.append((i +1) + ":" + content[i]);
            sb.append("\n");
        }
        write("NewFile.txt",sb.toString());
    }catch(Exception e){
        e.printStackTrace();
    }
    }
}
```

7.6 任务训练——文件访问

7.6.1 训练目的

（1）掌握文件访问的含义；
（2）掌握文件的顺序访问；
（3）掌握文件的随机访问；
（4）掌握文件的读写方法。

7.6.2 训练内容

1. 完成正文中各段代码的程序效果的演示。
2. 完成思考与练习中程序的编写与调试。
3. 编写一个程序，把几个 int 型整数写入名为 tom.dat 的文件中，然后按与写入相反顺序读取这些数据。

【程序效果】

```
10,9,8,7,6,5,4,3,2,1
```

【解题思路】
（1）利用 RandomAccessFile( )方法完成文件可读可写的权限设置；
（2）利用 writeInt( )完成文件的写入；
（3）利用 seek( )方法完成数据的查找和读取。

【参考程序】

```
package chapter07;
import java. io. *;
public class Example
{
public static void main (String args[])
{
RandomAccessFile in_and_out = null;
int data[] = {1,2,3,4,5,6,7,8,9,10};   //数据内容事先写入
    try{
        in_and_out = new RandomAccessFile("tom. dat","rw");
         //可读可写
        }
    catch(Exception e){   }
    try{
        for(int i = 0;i < data. length;i ++){
            in_and_out. writeInt(data[i]);    //写入
            }
        for(long i = data. length -1;i >= 0;i --){
        //一个 int 型数据占 4 个字节
        in_and_out. seek(i* 4);
        //文件的第 36 个字节读取最后面的一个整数
        //每隔 4 个字节往前读取一个整数
            System. out. print(in_and_out. readInt() + ",");   //输出
        }
    in_and_out. close();
    }catch(IOException   e){   }
}
}
```

4. 编写一个程序，实现向 "e:\zhang. txt" 文件中追加一段文本。

【程序效果】

效果如图 7 - 8 所示。

图 7 - 8　程序运行效果

【解题思路】

（1）在计算机 e 盘根目录下创建 zhang. txt 的空白文件；

（2）利用 RandomAccessFile( ) 完成对文件的可读写权限设置；

（3）定义追加的信息（如：Happy new year!）；

（4）writeBytes( ) 完成文件的追加操作。

【参考程序】

```
package chapter07;
import java. io. * ;
public class Example2{
  public static void main(String args[ ])throws IOException{
    RandomAccessFile my = new RandomAccessFile("e://zhang. txt","rw");
    String s = "Happy new year! \n";   //添加的信息
    my. seek(my. length());
    my. writeBytes(s);
    my. close();
  }
}
```

7.7 拓展知识

1. 问：File 类的方法有哪些？

答：见表 7 - 1。

表 7 - 1　File 类的相关方法

序号	方法	返回值	参数	说明
1	canRead	boolean	无	检查文件里的数据是否可读
2	canWrite	boolean	无	检查是否可以写入数据到文件中
3	compateTo	int	File	比较两个文件的名称顺序
4	createNewFile	boolean	无	产生一个空的文件
5	createTempFile	File	文件名 1、文件名 2	建立指定的文件，文件名由两个参数组成
6	delete	boolean	无	删除文件
7	deleteOnexit	无	无	程序结束时执行删除
8	exists	boolean	无	文件是否存在

序号	方法	返回值	参数	说明
9	getAbsolutePath	String	无	返回绝对路径
10	getName	String	无	取得文件名或目录名
11	getParent	String	无	取得上一级路径
12	getPath	String	无	取得文件名或目录名
13	isAbsolute	boolean	无	判断是否为绝对路径
14	isDirectory	boolean	无	判断是否为一个目录
15	isFile	boolean	无	判断是否为一个文件
16	isHidden	boolean	无	判断文件或目录是否隐藏
17	lastModified	long	无	文件最后修改的时间
18	Length	long	无	文件的大小，以字节为单位
19	List	String 数组	无	当前目录下的所有文件和子目录
20	listFiles	File 数组	无	返回文件对象数组
21	listRoots	File 数组	无	返回所有的根目录
22	mkdir	boolean	无	建立目录
23	Mkdirs	boolean	无	建立目录，即使上一级目录不存在，也可以建立
24	renameTo	boolean	File	改名为参数名
25	setLastModified	boolean	long	文件或目录的最后修改时间
26	setReadOnly	boolean	无	设置文件或目录为只读

2. 问：RandomAccessFile 类的常用方法有哪些？

答：1）long getFilePointer（ ） throws IOException

该方法可获取文件指针的偏移位置，磁盘 I/O 出错时，将抛出异常。

2）void seek（long pos） throws IOException

该方法可将文件指针移动到 pos 处，如果 pos < 0 或磁盘 I/O 出错时，将抛出异常。

3）long length（ ） throws IOException

该方法可获取文件的长度，磁盘 I/O 出错时，将抛出异常。

4）void close（ ） throws IOException

该方法可用于关闭文件并释放相关的系统资源。

5）void setLength（long newlength） throw IOException

该方法可重新设置文件的大小。

思考与练习

一、选择题

1. 下面说法不正确的是（　　　）。

A. InputStream 类和 OutputStream 类通常用来处理字节流，也就是二进制数据

B. Reader 类与 Writer 类用来处理字符流，也就是纯文本文件

C. Java 中 I/O 流的处理通常分为输入和输出两部分

D. File 类是输入/输出流类的子类

2. 下面说法正确的是（　　　）。

A. InputStream 类和 OutputStream 类都是抽象类

B. Reader 类和 Writer 类不是抽象类

C. RandomAccessFile 是抽象类

D. File 类是抽象类

3. 创建一个新目录，可以使用下面的（　　　）类来实现。

A. FileInputStream　　　　　　　　　　B. FileOutputStream

C. RandomAccessFile　　　　　　　　　D. File

二、读程序题

1. 运行下面的程序，若从键盘上输入 12345 后回车，程序输出的是什么？

```java
package chapter07;
import java.io.*;
public class Class1{
public static void main(String args[]){
byte buffer[]=new byte[128];
    int n;
    try{
        n=System.in.read(buffer);
        for(int i=0;i<n;i++)
        System.out.print((char)buffer[n-i-1]);
        }catch(IOException e){
    System.out.print(e);
        }
    }
}
```

2. 下面的程序编译运行后的输出结果是什么？（注意，运行时源文件要在工程项目的目录下。）

```java
package chapter07;
import java.io.*;
public class Class2{
    public static void main(String args[]){
    byte buf[] = new byte[2500];
    int b;
    try{
        FileInputStream fis = new FileInputStream("Class2.java");
        b = fis.read(buf,0,15);
        String str = new String(buf,0,b);
        System.out.print(str);
        }catch(IOException e){
    }
    }
}
```

学习评价

评价项目	评价内容	分值	得分
输入/输出流类	掌握输入/输出流类的概念	20	
标准输入/输出	掌握标准的输入/输出	30	
常用文件处理	掌握常用文件处理	40	
职业素养	理论运用于实践	10	
合计		100	

第8章

多线程

多线程编程可最大限度地利用 CPU，避免资源浪费，从而提高效率。本章内容在 Java 程序开发能力进阶必备中的位置如图 8-0 所示。

图 8-0　本章学习导航

现代操作系统使用线程（Thread）来提高性能，多线程能大大提高我们工作的效率。那么，究竟什么是线程呢？

8.1　多线程的基本概念

序列化程序的特点是只有一个入口、一个可执行的命令序列和一个出口。程序执行的任何时刻，都只有一个执行点。线程和序列化程序类似，只有一个入口、一个执行序列和一个出口，执行时也只有一个执行点。但是线程不是程序，它不能自己独立运行，只能在程序中执行。线程是一个程序内部的顺序控制流，即程序中的一条执行路径。当同一个程序中有多条执行路径并发执行时，就称为多线程（Multi-Thread），换句话说，在多线程中允许一个程序创建多个并发执行的路径来完成各自的任务。

在一般情况下，程序的一些部分同特定的事件或资源联系在一起，当不想为了这些部分而暂停程序其他部分的执行时，就可以考虑创建一个线程，令它与那个事件或资源关联到一起，并独立于主程序运行。通过使用线程，可以避免用户在运行程序和得到结果之间停顿，还可以让一些任务（如打印任务）在后台运行，而用户则在前台继续执行一些其他的工作。总之，利用多线程技术，编程人员可以方便地开发出能同时处理多个任务的功能强大的应用程序。

微课：多线程

8.2　多线程的实现机制

创建多线程有两种方法：继承 Thread 类和实现 Runnable 接口。在下面的小节里，将分别对这两种方法进行详细讲解。

8.2.1　继承 Thread 类

微课：继承
Thread 类

一个 Thread 类的一个实例对象就是 Java 程序的一个线程，所以 Thread 类的子类的实例对象也是 Java 程序的一个线程。因此，构造 Java 程序的线程可以通过构造类 Thread 的子类的实例对象来实现。构造 Thread 类的子类的主要目的是让线程类的实例对象能够完成线程程序所需要的功能。

通过上述方法构造出来的线程，程序执行时的代码被封装在 Thread 类或其子类的成员方法 run 中。为了完成所需要的功能，新构造出来的线程类应覆盖 Thread 类的成员方法 run()。

线程的启动或运行并不是调用成员方法 run()，而是通过调用成员方法 start() 达到间接调用 run() 方法的目的。线程的运行实际上就是执行线程的成员方法 run()。

直接方式创建线程的步骤如下：

①定义一个线程（Thread）子类；

②在该线程子类中定义 run() 方法；

③在 run() 方法中定义此线程的具体操作；

④在其他类的方法中创建此线程的实例对象，并用 start() 方法启动线程。

【例 8 – 1】通过继承 Thread 类来创建线程，并在主控程序中同时运行两个线程，实现输出奇数和偶数的功能。

```
package chapter08;
public class Thread1 extends Thread {
    int i = 0;
    public Thread1(String name,int i){//构造方法
    super(name);
    this. i = i;
      }
    public void run(){
```

```
    int j = i;
    System. out. println ("");
    System. out. print (getName () + ":");
    while (j <= 20)  {
        System. out. print (j + "");
        j += 2;
      }
    }
    public static void main (String args[ ]) {
        Thread1 t1 = new Thread1 ("Thread1", 1);
        Thread1 t2 = new Thread1 ("Thread2", 2);
        t1. start ();
        t2. start ();
        System. out. println ("活动线程个数为:" + activeCount ());
    }
    }
```

程序运行结果为：

```
活动线程个数为:3
Thread1:Thread2:1 2 3 4 5 6 7 8 9 10 11 13 12 15 14 17 19 16 18 20
```

说明：

①本程序的运行结果会因机器性能不同而不同。

②要覆盖 Thread 类的成员方法 run ( )，使线程完成相应的功能。

③在 main ( )方法中创建两个线程，线程被创建后不会自动执行，而需要调用 start ( )方法来启动。

④main ( )方法本身也是一个线程，在 main ( )方法中产生并启动两个线程后，输出的活动线程个数为3。

8. 2. 2　实现 Runnable 接口

Java 不支持多继承性，因此，用户如果需要以线程方式运行且继承其他所需要的类，就必须实现 Runnable 接口。Runnable 接口包含了与 Thread 类一致的基本方法。事实上，Runnable 接口只有一个 run ( )方法，所以实现这个接口的程序必须要定义 run ( )方法的具体内容，而用户新建线程的操作也由这个方法来决定。定义好接口类后，当程序需要使用线程时，只要以这个实现了 run ( )方法的类为参数来创建系统类 Thread 的对象，就可以把实现的 run ( )方法继承过来。

微课：实现 Runnable

间接方式创建线程的步骤如下：

①定义一个 Runnable 接口类;

②在此接口中定义一个 run( )方法;

③在 run( )方法中定义线程的操作;

④在其他类的方法中创建此 Runnable 接口类的实例对象,并以此实例对象作为参数来创建线程类对象。

⑤用 start( )方法启动线程。

【例8 - 2】 使用 Runnable 接口方法创建线程和启动线程。

```java
package chapter08;
    public class Thread2 implements Runnable{
    int count =1,number;
    public Thread2(int num){  //构造方法
      number =num;
      System. out. println ("创建线程" + number);}
    public void run(){
      while(true)  {
        System. out. println ("线程" + number + ":计数" + count);
        if(++count ==3)  return;
      }
    }
    public static void main(String args[]){
      for(int i =0;i <2;i ++)
        new Thread(new Thread2(i +1)). start();
}
}
```

程序运行结果为:

```
创建线程1
创建线程2
线程1:计数1
线程1:计数2
线程2:计数1
线程2:计数2
```

说明:

Runnable 接口只定义了一个方法 run( ),通过声明自己的类实现 Runnable 接口并提供这一方法,将线程代码写入其中,就完成了这一部分的任务。但是 Runnable 接口并没有任何对线程的支持,还必须创建 Thread 类的实例,这一点通过 Thread 类的构造函数 public Thread (Runnable target) 来实现。

8.3　线程的状态和线程的控制

Java 的线程是通过 java. lang 中的线程类 Thread 来实现的，它有一个从启动到终止的生命周期，而 Thread 封装了所有需要的线程操作控制，包括线程的运行、休眠、挂起或停止。

8.3.1　线程的状态和生命周期

一个线程从创建、启动到终止的整个过程就叫作一个生命周期，在其生命周期的任何时刻，线程总是处于某个特定的状态。这些状态共有 5 种，它们之间的转换如图 8 - 1 所示。

微课：线程的状态

图 8 - 1　线程基本状态转换图

1. 新建状态

新建状态也称为新线程状态，当一个线程类的对象被创建后，产生的新线程就进入创建状态。新建状态的实现语句如下：

```
Thread  myThread = new myThreadClass();
```

这是一个空的线程对象，run()方法还没有执行。若要执行它，系统还需对这个线程进行登记并为它分配资源，这些工作由 start()方法来完成。

2. 就绪状态

该状态也叫可执行状态，当一个被创建的线程调用 start()方法后，便进入可执行状态。可执行状态对应的程序语句为：

```
myThread. start();//产生所需系统资源,安排运行,并调用 run()方法
```

此时该线程处于准备占用处理机运行的状态，即它已经被放到就绪队列中，等待执行。至于该线程何时才被真正执行，则取决于线程的优先级和就绪队列的当前状况。只有操作系统调度到该线程时，该线程才真正占用了处理机并运行 run()方法，所以这种状态并不是执行中的状态。

3. 执行状态

当处于可执行状态的线程被调度并获得了 CPU 等执行所必需的资源时，便进入该状态，即运行了 run()方法。

4. 阻塞状态

阻塞状态又叫不可执行状态，当下面的四种情况之一发生时，线程就会进入阻塞状态：

①线程调用了 sleep( )方法。

②线程调用了 wait( )方法，为的是等待一个条件变量。

③线程调用了 suspend( )方法。

④输入/输出流中发生线程阻塞。

例如：

```
    Thread myThread = new myThreadClass();
    myThread. start();
  try{
      myThread. sleep(20000);
  }catch(InterruptedException e){}
```

在上面的例子中，程序调用了 sleep( )方法使 myThread 线程休眠了 20 s，20 s 后线程又可以恢复运行。

如果一个线程处于阻塞状态，那么这个线程将暂时无法进入就绪队列。处于阻塞状态的线程通常需要由某些事件唤醒，至于什么事件才能唤醒该线程，则取决于线程挂起的原因。上面四种情况都有特定的唤醒方法与之对应，对应方法如下：

①若调用了 sleep( )方法，线程处于睡眠状态，由于该方法的参数为睡眠时间，当这个时间过去后，线程便可以进入可执行状态。

②若线程在等待一个条件变量，只需要该条件变量所在的对象调用 notify 或 notifyAll( )方法，就可以使线程停止等待。

③若线程调用了 suspend( )方法，通过其他线程调用 resume( )方法可以恢复该线程的执行。

④若输入/输出流中发生线程阻塞，则规定的 I/O 指令可以结束这种不可执行状态。

5. 死亡状态

死亡状态又称作终止状态或停止状态，处于这种状态的线程已经不能够再继续执行了，其中的原因可能是线程已经执行完毕，被正常地撤销；也可能是线程被强制终止，例如通过执行 stop( )或 destroy( )方法来终止线程。

8.3.2 线程的控制

1. 终止线程

当一个线程终止后，其生命周期就结束了，线程便进入死亡状态。终止线程的执行可以用 stop( )方法，需要注意的是，此时并没有消灭这个线程，只是停止了线程的执行，并且这个线程不能用 start( )方法重新启动。一般情况下不用 stop( )方法终止一个线程，只是简单地让它执行完；当很多复杂的程序需要控制每一个线程时，才会用到 stop( )方法。

2. 测试线程状态

一个已经停止运行的线程是不能用 start( )方法重新启动的，因此，为了避免出错，可以 isAlive( )方法测试一个线程是否处于被激活的状态。如果一个线程已经启动而且没有停止，就认为是激活的。如果线程 t 是激活的，t. isAlive( )将返回 true，但它不能对该线程是否可运行做进一步的解释分析；如果返回 false，则该线程是新创建或已被终止的。

3. 线程的暂停和恢复

（1）sleep( ) 方法

通过调用该方法可以使线程睡眠一段指定的时间。当线程睡眠到指定的时间后，不会立即进入执行状态，而是参与调度执行。这是因为当前线程正在运行，不会立刻放弃处理机，除非这时有更高优先级的线程参与调度或者是当前线程由于某种原因被阻塞，或者是在时间片方式下当前的时间片已用完。

（2）suspend( ) 和 resume( ) 方法

调用 suspend( ) 方法暂停线程并不是永久地停止线程，此时调用 resume( ) 方法就可以重新激活线程。

（3）join( ) 方法

join( ) 方法将使当前线程进入等待状态，直至 join( ) 方法所调用的线程结束。例如，已经生成并运行了一个线程 tt，而在另一个线程中执行 timeout( ) 方法，其定义如下：

```
public void timeout(){   //暂停该线程,等待其他线程(tt)结束
tt.join();   //其他线程结束后,继续执行该线程
    …
    }
```

这样，在执行 timeout( ) 方法以后，当前的线程将被阻塞，直到线程 tt 运行结束。

另外，也可以使用"join(long timeout)"限定等待时间（单位为毫秒），使当前线程进入等待状态。

微课：多线程案例

8.4　线程的同步

线程同步是一种多个线程间对共享资源的协调。

8.4.1　共享受限资源

在多线程的程序中，各个线程对共享资源的访问是互斥的。比如，铁路售票系统中，票（ticket）是共享资源，如果有 4 个售票点发售某日某次列车的 100 张车票，其中一个售票点在发售某张票的时候其余售票点便不能进行售票，必须等这个售票点发售完这张票，并释放对共享资源（ticket）的使用权后才能进行售票。如下面的代码：

```
if(ticket >0)
System.out.println(Thread.currentThread().getName() + " is sailing
ticket" +tickets -- );
```

当一个售票线程运行到 if(ticket >0) 语句后，CPU 必须等到 if 语句执行完毕才去执行其他售票线程的相应代码段。

Java 中对共享数据操作的并发控制采用的是传统的封锁技术。为保证线程对共享资源操作的完整性，Java 用 synchronized 关键字为共享资源加锁，称为互斥锁。每个共享资源对象都有一个互斥锁标记，以保证任一时刻只有一个线程访问该对象。

synchronized 关键字的语法格式有两种：

①synchronized（object）{同步代码段} //object 可以是任意一个对象。

将前面的售票代码修改一下，使之具有同步的效果：

```
String str = new String("");
synchronized(str){
  if(ticket > 0)
  System. out. println(Thread. currentThread(). getName() + "is sail-
ing ticket" + tickets -- );
  }
```

　　程序中用 String str = new String（""）语句随便产生了一个对象，用于后面代码段的同步。

②synchronized 作为方法的修饰字，使该方法成为同步方法。当一个线程在使用实例对象的某个同步方法时，试图调用该实例对象的任何同步方法的其他线程都必须等待，直至该线程退出同步方法，然后该实例对象的不同步方法才可以被调用。

　　例如，定义 pop( ) 为同步方法：

```
public synchronized void pop(){
  ...
  }
```

8.4.2　线程间的协作

　　上一节介绍了线程之间在访问对象的临界区时，需要使用同步来实现线程的互斥。有时多个线程之间需要共同协作，比如，线程 A 往缓冲区中写数据，线程 B 从缓冲区中取数据，当缓冲区中没有数据时，线程 B 必须等待；当缓冲区满时，线程 A 必须等待。

　　Java 通过 wait( )方法、notify( )方法和 notifyAll( )方法实现线程间的协作。这些方法在对象中是用 final 方法实现的，所以，所有的类都包含它们。另外，这三个方法仅在 synchronized 方法中才能被调用。

　　①wait( )：告知被调用的线程进入睡眠，直到其他线程进入并且调用 notify( )方法。

　　②notify( )：恢复相同对象中第一个调用 wait( )方法的线程。

　　③notifyAll( )：恢复相同对象中所有调用 wait( )方法的线程，具有最高优先级的线程将最先运行。

　　这些方法在 Object 中被声明，如下所示：

```
final void wait()throws InterrupedException
final void notify()
final void notifyAll()
```

下面的线程错误地实现了一个简单生产者/消费者的应用问题。它由四个类组成：Q 类设法获得同步的序列；Producer 类产生排队的线程对象；Consumer 类产生消费序列的线程对象；Exam8_3 类创建单个 Q、Producer 和 Consumer 类的小类。

【例 8 – 3】生产者/消费者问题。

```java
package chapter08;
class Q{
    int n;
    synchronized int get(){   //消费者,synchronized 用于线程的控制
        System.out.println("Get:"+n);
        return n;}
    synchronized void put(int n){
    //生产者,synchronized 用于线程的控制
        this.n=n;
    System.out.println("Put:"+n);}
}
class Producer implements Runnable{
    Q q;
    Producer(Q q){
    this.q=q;
    new Thread(this,"Producer").start();
}
public void run(){
    int i=0;
    while(true){
    q.put(i++);
    }
}
}
class Consumer implements Runnable{
    Q q;
    Consumer(Q q){
    this.q=q;
    new Thread(this,"Consumer").start();
    }
    public void run(){
    while(true){
    q.get();
```

```
    }
  }
}
    class Exam8_3{
      public static void main(String args[])
      {
        Q q = new Q();
        new Producer(q);
        new Consumer(q);
        System.out.println("Press control - c to stop");
      }
}
```

尽管 Q 类中的 put( )方法和 get( )方法是同步的，但是没有东西阻止生产者超越消费者，也没有东西阻止消费者消费同样的序列两次。这样，就得到下面的错误输出（输出将随处理器速度和装载的任务而改变）：

```
        Put:1
        Put:2
        Put:3
        Put:4
        Put:5
        Put:6
        Put:7
        Press control - c to stop
        Put:8
        Put:9
        Put:10
        Put:11
        Get:11
```

要正确地编写该程序，需要用 wait( )方法和 notify( )方法来对两个方向进行标志。

【例 8 - 4】同步后的生产者/消费者问题。

```
package chapter08;
class Q{
    int n;
    boolean valueSet = true;//变量 valueSet 用于同步生产者/消费者
    synchronized int get(){
if(! valueSet)
```

```
try{
wait();
}catch(InterruptedException e){
System.out.println("InterruptedException caught");
}
        System.out.println("Get:"+n);
    valueSet=false;
    notify();
        return n;
        }
        synchronized void put(int n){
  if(valueSet){
try{
wait();
}catch(InterruptedException e){
System.out.println("InterruptedException caught");
}
        this.n=n;
      valueSet=true;
        System.out.println("Put:"+n);
}
  notify();
}
}
class Producer implements Runnable {
    Q q;
    Producer(Q q){
    this.q=q;
    new Thread(this,"Producer").start();
    }
    public void run(){
    int i=0;
    while(true){
    q.put(i++);
    }
    }
}
class Consumer implements Runnable{
```

```
Q q;
Consumer (Q q) {
  this. q = q;
  new Thread(this,"Consumer"). start();
}
public void run() {
        while(true) {
  q. get();
}
}
}
  class Ex{
      public static void main(String args[]) {
      Q q = new Q();
      new Producer(q);
      new Consumer(q);
      System. out. println("Press control - c to stop");
      }
}
```

程序中，内部的 get( ) 方法、wait( ) 方法被调用，这时挂起操作被执行，直到 Producer 告知数据已经预备好，此时内部的 get( ) 方法被恢复执行。获得数据后，get( ) 方法调用 notify( ) 方法，并告诉 Producer 可以向序列中输入更多数据。在 put( ) 方法内，wait( ) 方法挂起执行，直到 Consumer 取走了序列中的项目。当继续执行时，下一个数据项目会被放入序列，notify( ) 方法被调用，从而通知 Consumer 应该移走相应数据。

下面是该序列的输出，它清楚地显示了同步行为：

```
Put:1
Get:1
Put:2
Get:2
Put:3
Get:3
Put:4
Get:4
Put:5
Get:5
Put:6
Get:6
```

在多线程竞争使用多资源的程序中，有可能出现死锁的情况。这种情况发生在一个线程等待另一个线程所持有的锁，而那个线程又在等待第一个线程持有的锁的时候。此时每个线程都不能继续运行，除非另一线程运行完同步程序块。正因为任何一个线程都不能继续运行，所以这些线程都无法运行完同步程序块。图 8 - 2 表示了上面问题的产生机制，其程序代码如下：

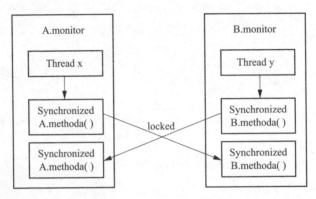

图 8 - 2　死锁程序结构示意图

【例 8 - 5】死锁。

```
package chapter08;
class classA{
public classB b;
    synchronized void methoda(){
    String name = Thread. currentThread(). getName();
    System. out. println(name + "entered classA. methoda. ");
    try{
    Thread. sleep(1000);
    }catch(InterruptedException e){}
    System. out. println(name + "trying to call classB. methodb()");
    b. methoda();
    }
    synchronized void methodb(){
    System. out. println("inside classA. methedb()");
    }
}
class classB{
    public   classA a;
    synchronized void methoda(){
    String name = Thread. currentThread(). getName();
```

```
        System.out.println(name + "entered classB.methoda.");
        try{
            Thread.sleep(1000);
        }catch(InterruptedException e){}
    System.out.println(name + "trying to call classA.methodb()");
        a.methodb();
    }
synchronized void methodb(){
System.out.println("inside classA.methedb()");
    }
    }
class Exam8_5 implements Runnable{
    classA a = new classA();
    classB b = new classB();
    Exam9_8(){
        Thread.currentThread().setName("MainThread");
        a.b = b;
        b.a = a;
        new Thread(this).start();
        a.methoda();
        System.out.println("back to main thread");
    }
public void run(){
    Thread.currentThread().setName("RacingThread");
    b.methoda();
    System.out.println("back to racing thread");
    }
public static void main(String args[]){
    new Exam8_5();
    }
}
```

程序运行结果如下：

```
        RacingThreadentered classB.methoda.
        MainThreadentered classA.methoda.
        MainThreadtrying to call classB.methodb()
        RacingThreadtrying to call classA.methodb()
```

如果运行该程序，就会发现出现死锁的情况。Java 既不监测也不采取办法避免这种状态，因此，确保死锁状态不会发生就成了程序员的职责。

一个避免死锁发生的较麻烦的办法是：如果有多个对象要被同步，就应该对获得这些锁的顺序做一个综合决定，并在整个程序中遵循这个顺序。当然，关于它的更详细的讨论已经超出了本书的范围，有兴趣的读者可以参考操作系统方面的书籍。

8.4.3 线程的调度和优先级

Java 虚拟机允许一个应用程序拥有多个同时执行的线程，而众多的线程中，哪一个线程先执行，哪一个线程后执行，取决于线程的优先级（Priority）。

线程的优先级由整数值 1～10 来表示，优先级越高，越先执行；优先级越低，越晚执行；优先级相同时，则遵循队列的"先进先出"的原则。有几个与优先级相关的整数常量：

①MIN_PRIORITY：线程能具有的最小优先级（1）。

②MAX_PRIORITY：线程能具有的最大优先级（10）。

③NORM_PRIORITY：线程的常规优先级（5）。

当线程被创建时，优先级默认是由 NORM_PRIORITY 标识的整数。Thread 类中与优先级相关的方法有 setPriotity( ) 和 getPriority( )。setPriotity( ) 方法用来设置线程的优先级，用一个整数型参数作为线程的优先级，其范围必须在 MIN_PRIORITY 和 MAX_PRIORITY 之间，并且不大于线程的 Thread 对象所属线程组的优先级。

当一个在可执行状态队列中排队的线程被分配到了 CPU 等资源而进入运行状态后，这个线程就称为是被"调度"或被线程调度管理器选中了。Java 支持一种"抢占式"（preemptive）调度方式。抢占式和协作式（cooperative）是相对的概念。所谓协作式，是指一个执行单元一旦获得某个资源的使用权，别的执行单元就无法剥夺其使用权，即使其他线程的优先级更高，而抢占式则与之相反。比如，在一个低优先级线程的执行过程中，来了一个高优先级线程，若在协作式调度系统中，这个高优先级线程必须等待低优先级线程的时间片执行完毕，而抢占式调度方式则不必，它可以直接把控制权抢占过来。

Java 的线程调度遵循的是抢占式，因此，为使低优先级线程能够有机会运行，较高优先级线程可以进入"睡眠"（sleep）状态。进入睡眠状态的线程必须被唤醒才能继续执行。

8.5　案例分析

利用本章所学的多线程相关知识完成一个具有一定功能的综合实例。

微课：多线程案例

8.5.1 案例情景——模拟排队买票

5 个人排队买电影票，售票员只有一张 5 元的零钱，电影票 5 元一张。假设 5 个人的顺序及买票情况是：赵拿一张 20 元的人民币买 2 张票；钱拿 1 张 20 元的人民币买 1 张票；孙拿 1 张 10 元的人民币买 1 张票；李拿一张 10 元的人民币买 2 张票；周拿 1 张 5 元的人民币买 1 张票。

售票员必须按如下规则找零钱：

①如果 20 元买 2 张票，允许找零 1 张 10 元，不允许找零 2 张 5 元；

②如果 20 元买 1 张票，允许找零 1 张 5 元和 1 张 10 元，不允许找零 3 张 5 元；

③如果 10 元买 1 张票，允许找零 1 张 5 元。

8.5.2 运行结果

程序运行的结果如下：

售票员的钱数：		
20 元	10 元	五元
0 张	0 张	1 张

孙正在买 1 张票 10 元钱
孙已经买完！

售票员的钱数：		
20 元	10 元	五元
0 张	1 张	0 张

赵正在买 2 张票 20 元钱
赵已经买完！

售票员的钱数：		
20 元	10 元	五元
1 张	0 张	0 张

周正在买 1 张票 5 元钱
周已经买完！

售票员的钱数：		
20 元	10 元	五元
1 张	0 张	1 张

李正在买 2 张票 10 元钱
李已经买完！

售票员的钱数：		
20 元	10 元	五元
1 张	1 张	1 张

钱正在买 1 张票 20 元钱
钱已经买完！

售票员的钱数：		
20 元	10 元	五元
2 张	0 张	0 张

8.5.3 实现方案

1. 案例分析

①定义类 BuyTicket，用构造方法初始化各个购买人；

②利用内部类 Buyer 模拟购买者行为；

③利用线程的同步（synchronized）来控制共享变量的正确访问；

④用条件语句控制售票员找零的规则。

2. 参考程序代码

```java
package chapter08;
public class Buy{
Object seller = new Object();
int twentyNumber = 0;    //20 元纸币的张数
int tenNumber = 0;     //10 元纸币的张数
int fiveNumber = 1;   //5 元纸币的张数
int all = 5;
public   Buy(){
printmoney();
buyer zhao = new buyer("赵",2,20);//购买者赵:持 20 元纸币,购买两张票
buyer qian = new buyer("钱",1,20);//购买者钱:持 20 元纸币,购买一张票
buyer sun = new buyer("孙",1,10);//购买者孙:持 10 元纸币,购买一张票
buyer li = new buyer("李",2,10);//购买者李:持 10 元纸币,购买两张票
buyer zhou = new buyer("周",1,5);//购买者周:持 5 元纸币,购买一张票
zhao. start(); //启动各个线程
qian. start();
sun. start();
li. start();
zhou. start();
}
class buyer extends Thread{    //购买者线程
int number = 0;
int money = 0;
String name = null;
boolean hasBuyed = false;
public buyer(String name,int number,int money){
//构造方法完成成员变量初始化
this. number = number;
this. money = money;
this. name = name;
}
void print(int i){   //print 方法用来显示用户购买情况
if(i == 0){System. out. println(name + "正在买" + number + "张票" + money +
"元钱");}
if(i == 1){System. out. println(name + "已经买完!");printmoney();}
```

```
        }
    public void run(){
    while(!hasBuyed){
        synchronized(seller){
        int charge=money-number* 5;
        if((tenNumber >= charge/10&&fiveNumber >= (charge% 10)/5)||charge
==0){

        print(0);
        if(money==20)twentyNumber ++;
    //判断当前购买者持有的如果是20元纸币,则相应变量数量增加1
        if(money==10)tenNumber ++;
    //判断当前购买者持有的如果是10元纸币,则相应变量数量增加1
        if(money==5)fiveNumber ++;
    //判断当前购买者持有的如果是5元纸币,则相应变量数量增加1
        tenNumber -= charge/10;
    //如果售票员收了20元纸币,则要用10元和5元纸币找补
        fiveNumber -= (charge% 10)/5;
    //如果售票员收了20元纸币,则要用10元和5元纸币找补
        try{
        Thread. sleep(1000);
        }catch(InterruptedException e){
        e. printStackTrace();
        }
        print(1);
        hasBuyed=true;
        seller. notifyAll();
        }else{
        try{
        seller. wait();
        }catch(InterruptedException e){
        e. printStackTrace();
        }
    }
    }
    }
    }
    }
    void printmoney(){        //printmoney()方法输出当前售票员持有纸币的情况
```

```
System.out.println("\t 售票员的钱数:");
System.out.println("\t\t\t20 元\t10 元\t 五元");
System.out.println("\t\t\t" + twentyNumber + "张\t" + tenNumber + "张\t"
+ fiveNumber + "张");
}
public static void main(String[]s){
new Buy();
}
}
```

8.6 任务训练——多线程使用

8.6.1 训练目的

（1）掌握多线程的含义；
（2）掌握线程的创建；
（3）掌握线程的生命周期；
（4）掌握多线程的同步。

8.6.2 训练内容

1. 完成对正文中各段代码程序效果的演示。
2. 完成思考与练习中程序的编写与调试。
3. 模拟学生上课：答疑课上，老师逐一回答学生的问题，同一时刻教师只能回答一个学生的问题，其他学生需等到前面同学的问题解决后，才能向老师提出问题。
【程序效果】

[张一号的问题]回答完毕。
[陈三号的问题]回答完毕。
[李二号的问题]回答完毕。

【解题思路】
（1）定义 3 个类，分别为 AnswerQuestion 主类、Teacher 类、Student 类；
（2）利用 Runnable 接口完成同一时刻解决一个同学的问题的功能。
【参考程序】

```
package chapter08;
public class AnswerQuestion{
```

```
public static void main(String[]args){
    Teacher th=new Teacher();
    Student st1=new Student(th,"张一号的问题");
    Student st2=new Student(th,"李二号的问题");
    Student st3=new Student(th,"陈三号的问题");
    try{
        st1.t.join();
        st2.t.join();
    st3.t.join();
    }catch(InterruptedException e){}
}
}

    class Teacher{
      public void answer(String msg){
        System.out.print("["+msg);
        try{
        Thread.sleep((int)(Math.random()*200));
        }catch(InterruptedException e){ }
        System.out.println("]回答完毕。");
      }
    }
    class Student implements Runnable{
        private String msg;
        private Teacher th;
        Thread t;
        public Student(Teacher th,String s){
            this.th=th;
            msg=s;
            t=new Thread(this);
            t.start();
        }
        public void run(){
            synchronized(th){
            th.answer(msg);
            }
            }
    }
```

8.7　拓展知识

1. 问：线程与进程有什么关系？

答：线程是比进程更小的执行单位。一个进程在其执行过程中可以产生多个线程，每一个线程就是一个程序内部的一条执行线索，这些线程可以交替运行。

多任务与多线程是两个不同的概念，前者是针对操作系统而言的，表示操作系统可以同时运行多个应用程序；后者是针对一个程序而言的，表示在一个程序内部可以同时执行多个线程。

2. 问：线程安全与不安全的区别是什么？

答：线程安全就是多线程访问时，采用了加锁机制，当一个线程访问该类的某个数据时，对其进行保护，使其他线程不能进行访问；直到该线程读取完，其他线程才可使用。这种情况下不会出现数据不一致或者数据污染。

线程不安全就是不提供数据访问保护，有可能出现多个线程先后更改数据的现象，造成所得到的数据是脏数据。

思考与练习

一、选择题

1. 线程调用了 sleep( ) 方法后将进入 (　　　)。

A. 运行状态　　　　B. 堵塞状态　　　　C. 终止状态　　　　D. 初始状态

2. 关于 Java 线程，下列说法错误的是 (　　　)。

A. 线程是以 CPU 为主体的行为

B. 线程是比进程更小的执行单位

C. 创建线程有两种方法：继承 Thread 类和实现 Runnable 接口

D. 新线程一旦被创建，将自动开始运行

3. 实现线程同步时，应加关键字 (　　　)。

A. public　　　　　B. class　　　　　C. synchronized　　　D. main

二、读程序题

下面程序的输出结果是什么？

```java
public class MyThread extends Thread{
int count =1,number;
public MyThread(int num){
   number = num;
System. out. println("创建线程" + number);}
public void run(){
```

```
    while(true){
        System. out. println("线程"+number+":计数"+count);
if(++count==6)   return;
    }
  }
  public static void main(String args[]){
    for(int i=0;i<5;i++)
        new MyThread(i+1). start();
    }
}
```

学习评价

评价项目	评价内容	分值	得分
多线程的基本概念	掌握多线程的基本的概念	20	
多线程的实现机制	掌握多线程的实现机制	20	
线程的状态和线程的控制	掌握线程的状态与线程的控制	30	
线程的同步	掌握线程的同步	20	
职业素养	触类旁通、举一反三	10	
合计		100	

第9章

常用实用类

【知识点】JRE 扩展与 jar 文件；枚举；Java 正则表达式。

【能力点】熟练掌握 jar. exe 的方法、枚举的应用、Java 正则表达式的应用。

【学习导航】

常用实用类是程序设计中一个重要的环节。本章内容在 Java 程序开发能力进阶必备中的位置如图 9-0 所示。

图 9-0　本章学习导航

9.1　JRE 扩展与 jar 文件

9.1.1　JRE 扩展中的类

Java 的运行环境（JRE）提供的类库只是核心类，不可能满足用户的所有需求，可用 Java 运行环境的扩展来实现。Java 运行环境提供了扩展（jre\lib），使用 jar. exe 命令把一些类的字节码文件压缩成一个 jar 文件，然后将这个 jar 文件存放到 Java 运行环境的扩展中，即将该 jar 文件存放在 JDK 安装目录的 jre\lib 文件夹中，程序就可以通过 import 语句使用扩展中的类了。本节将介绍怎样使用 Java 运行环境扩展中的类。

9.1.2　使用扩展类步骤

第一步：编译包 jar. star 中的两个测试类 TestOne 和 TestTwo。

Test One. java：

```
package jar. star; //包语句
public class TestOne {
  public void FOne() {
      System. out. println("This is a method in TestOne class");
  }
}
```

TestTwo. java：

```
package jar. star; //包语句
public class TestTwo {
    public void FTwo() {
      System. out. println("This is a method in TestTwo class");
  }
}
```

将上述 Test One. java 和 Test Two. java 保存到硬盘下某个文件夹下的\jar\star 目录中，例如 D：\JavaDemo\study\src\chapter09 目录中，编译两个源文件，如图 9 – 1 所示。

图 9 – 1　编译包中的文件

第二步：编写清单文件 readme. mf（Mainfestfiles）。

readme. mf：

```
Mainfest - version: 1.0 // 此代码三行:右侧须有一个空格
Class: jar. star. TestOne jar. star. TestTwo
Created - by: 1.8
```

将 readme. mf 保存到 D：\JavaDemo\study\src\chapter09 中。

第三步：使用 jar 命令生成 MyApp. jar 文件。如下所示：

```
jar cfm MyApp. jar readme. mf jar \star \TestOne. class jar \star \TestTwo. class
```

如果 D:\JavaDemo\study\src\chapter09\jar\star 下只有字节码文件，也可使用如下命令：

```
jar cfm MyApp. jar readme. mf jar \star \* . class
```

提醒: cfm 中,c 表示要创建的 jar 文件;f 表示要输出到文件而不是标准输出流;m 表示将指定的文件中的内容合并到 jar 文件的清单文件中。

第四步：将 MyApp. jar 文件复制到 Java 运行环境的扩展中，即将 MyApp. jar 文件存放到安装目录的 jre\lib 文件夹中。

第五步：在 Test 类中使用 import 语句引入了 MyApp. jar 中的 TestOne 和 TestTwo 类。

```java
import jar. star. * ; //引用 MyApp. jar 中的类
public class Test{
  public static void main (String args []) {
    TestOne a = new TestOne ();
    a. FOne ();
    TestTwo b = new TestTwo ();
    b. FTwo ();
  }
}
```

程序运行后，效果如图 9 - 2 所示。

图 9 - 2　运行 jar 包中的文件

提醒: 常见的 jar 命令如下。
jar cf jar - file input - file(s) //创建 jar 文件
jar tf jar - file //查看 jar 文件
jar xf jar - file //抽取 jar 文件的内容
jar xf jar - file archived - file(s) //从 jar 文件中抽取特定的内容

9.2　枚举

Java 枚举是继承自 java. lang. Enum 的类，是一个特殊的类，一般表示一组常量，比如一年四季，一年 12 个月，一周 7 天，方向有东南西北等。

9.2.1 声明枚举

Java 枚举类使用 enum 关键字来定义，各个常量使用逗号来分割。

```
enum - modifiers enum enumname:enum - base {
        enum - body,
}
```

- enum – modifiers：表示枚举的修饰符，可为 public、private 和 internal。
- enumname：表示声明的枚举名称。
- enum – base：表示基础类型。
- enum – body：表示枚举的成员，它是枚举类型的命名常数；任意两个枚举成员不能具有相同的名称，并且它的常数值必须在该枚举的基础类型的范围之内，多个枚举成员之间使用逗号分隔。

提醒: 如果没有显式地声明基础类型的枚举,那么意味着它所对应的基础类型是 int。

【例 9 – 1】定义一个颜色枚举类并显示。

```
package chapter09;
enum Color   /* 枚举类 Color 颜色常量有 RED, YELLOW, GREEN,分别表示红色,黄色,绿色。* /
{
    RED, YELLOW, GREEN;
}
public class EnumTest
{
    public static void main(String[] args)
    {
        for (Color myVar : Color. values())
        {
            System. out. print(myVar ++" ");
        }
    }
}
```

运行效果如下：

```
RED YELLOW GREEN
```

9.2.2 常用方法

当定义一个枚举类型时，每一个枚举类型成员都可以看作是 Enum 类的实例，这些枚举成员默认都被 public、final、static 修饰，当使用枚举类型成员时，直接使用枚举名称调用成员即可。所有枚举实例都可以调用 Enum 类的方法，常用方法见表 9－1。

表 9－1　Enum 类的常用方法

序号	方法名称	描述
1	values( )	以数组形式返回枚举类型的所有成员
2	valueOf( )	将普通字符串转换为枚举实例
3	compareTo( )	比较两个枚举成员在定义时的顺序
4	ordinal( )	获取枚举成员的索引位置

【例 9－2】创建一个包含 3 个成员的枚举类型 Color2，然后调用 values( ) 方法输出这些成员。

```java
package chapter09;
enum Color2
{
    RED, YELLOW, GREEN;
}
public class EnumTest2
{
    public static void main(String[] args)
    {
        for(int i = 0;i < Color2.values().length;i ++ ) {
            System.out.println(Color2.values()[i]); //values()方法输出
        }
    }
}
```

运行效果如下：

```
RED
YELLOW
GREEN
```

【例 9－3】创建一个示例，调用 valueOf( ) 方法获取枚举的一个成员，再调用 compareTo( ) 方法进行比较，并输出结果。

```java
package chapter09;
public class EnumTest3 {
```

```
public enum Color3
{
    RED, YELLOW, GREEN;
}
public static void main(String[] args) {
    compare(Color3.valueOf("GREEN")); // 比较
}
public static void compare(Color3 c) {
    for(int i = 0;i < Color3.values().length;i++) {
        System.out.println(c + " and " + Color3.values()[i] +
" compare is " + c.compareTo(Color3.values()[i]));
    }
}
}
```

运行效果如下：

```
GREEN and RED compare is 2
GREEN and YELLOW compare is 1
GREEN and GREEN compare is 0
```

【例9-4】创建一个包含3个成员的枚举类型 Signal，然后调用 ordinal( )方法输出成员及对应索引位置。

```
package chapter09;
public class EnumTest4 {
    enum Color4 {
        RED, YELLOW, GREEN;
    }
    public static void main(String[] args) {
        for(int i = 0;i < Color4.values().length;i++) {
            System.out.println("NO " + Color4.values()[i].ordinal
() + ":value:" + Color4.values()[i]);
        }
    }
}
```

运行效果如下：

```
NO 0:value:RED
NO 1:value:YELLOW
NO 2:value:GREEN
```

9.3 Java 正则表达式

9.3.1 正则表达式简介

正则表达式（Regular Expression，简写为 regex）是一个 String 对象的字符序列，该字符序列中含有具有特殊意义的字符，这些特殊字符称作正则表达式的元字符。正则表达式通常被用来检索、替换那些符合某种规则的文本，或者从字符串中提取想要的特定部分，是一套标准，可以用于任何语言。

例如："\\dbag" 中的 \\d 就是特殊意义的元字符，代表 0 ~ 9 中的任何一个数字，"0bag" "1bag" "2bag" … "9bag" 都是和 "\\dbag" 正则表达式匹配的字符序列。

在正则表达式中，可以用方括号括起若干个字符来表示一个元字符，该元字符代表方括号中的任何一个字符，见表 9 - 2。

表 9 - 2 方括号表示的元字符

序号	使用方括号	描述
1	[abc]	代表 a、b、c 中的任何一个
2	[^abc]	代表 a、b、c 以外的任何字符
3	[a - zA - Z]	代表英文字母（包括大写和小写）中的任何一个
4	[a - c [s - z]]	代表 a ~ c 或 s ~ z 中的任何字符（并集）
5	[a - z&& [abc]]	代表 a、b 或 c 中的任何一个（交集）
6	[a - e&& [^bc]]	代表 a、d、e（差集）
7	[.] 或 \ 56	普通意义的点字符

常用元字符及其描述，见表 9 - 3。

表 9 - 3 元字符及其描述

序号	元字符	描述
1	.	任何一个字符
2	\d	0 ~ 9 中任何一个数字，是 0 ~ 9 的简写
3	\D	任何一个非数字字符，是 0 ~ 9 的简写

续表

序号	元字符	描述
4	\s	匹配所有的空白字符，包括空格、制表符、回车符、换页符、换行符等
5	\S	匹配所有的非空白字符
6	\w	用于标识符的字符（大小写字母、数字、下划线，不包括美元符号），是 a ~ z、A ~ Z、0 ~ 9 的简写
7	\W	不用于标识符的字符，等同于"^\w"
8	\p{Alpha}	字母
9	\p{Digit}	数字字符，即 0 ~ 9
10	\p{Punct}	标点符号！、#、$ 、% 、& 、* 、+ 、-、:、; 等
11	\p{Alnum}	字母或数字
12	\p{Lower}	小写字母 a ~ z
13	\p{Upper}	大写字母 A ~ Z

在正则表达式中，可以使用限定修饰符。限定符定义了一个元素可以发生的频率，见表 9 - 4。

表 9 - 4　限定符

序号	正则表达式	描述
1	X *	X 出现 0 次或多次，是 {0,} 的简写
2	X +	X 出现 1 次或多次，是 {1,} 的简写
3	X?	X 出现 0 次或 1 次，是 {0, 1} 的简写
4	X{n}	X 恰好出现 n 次
5	X{n,}	X 至少出现 n 次
6	X{m,n}	X 至少出现 m ~ n 次
7	XY	X 的后缀是 Y
8	X | Y	X 或 Y
9	{X}	\d{3} 表示匹配 3 个数字，. {10} 表示匹配任何长度是 10 的字符串
10	{X, Y}	\d{1,4} 表示匹配至少 1 个最多 4 个数字
11	( )	取匹配结果时，括号中的表达式可获取

注意：有关正则表达式的细节可查阅 java.util.regex 包中的 Pattern 类。

9.3.2 正则表达式的应用

1. 判断功能

String 对象调用 public boolean matches（String regex）方法判断当前 String 对象的字符序列是否和参数 regex 指定的正则表达式匹配。

【例 9 – 5】 判断录入的手机号是否为 13 或者 15 开头。

```
package chapter09;
import java.util.Scanner;
public class RegexTest {
        public static void main(String[] args) {
            Scanner sc = new Scanner(System.in);
            System.out.println("Please input telphone:");
            String s = sc.nextLine();
            String regex = "1[35]\\d{9}";//定义手机号规则
            boolean flag = s.matches (regex);//判断功能
            System.out.println( "flag: " +flag);
            sc.close();
            }
    }
```

运行效果如下：

```
Please input telphone:
13650573599
flag: true
```

2. 替换功能

String 对象调用 public String replaceAll（String regex，String replacement）方法返回一个新的 String 对象，这个新的 String 对象的字符序列是把当前 String 对象的字符序列中所有和参数 regex 匹配的子字符序列，用参数 replacement 的字符序列替换后得到的字符序列。

【例 9 – 6】 用 *** 替换网址。

```
package chapter09;
public class RegexTest2 {
        public static void main(String[] args) {
            String str = "Welcome http://www.cqepc.cn,know more ";
            String regex = "(http:// |www)\56? \\w + \56{1}\\w + \56{1}\\w
+";// \56 表示普通意义的点字符
            str = str.replaceAll(regex,"****** ");
            System.out.println(str);
            }
    }
```

运行效果如下：

```
Welcome ****** ,know more
```

3. 分割功能

String 对象调用 public String[ ] split(String regex)，使用参数指定的正则表达式 regex 作为分割标记分解出当前 String 对象的字符序列中的单词，并将分解出的单词存放在 String 数组中。

【例 9 - 7】用指定符号分割输入文本。

```java
package chapter09;
import java.util.Scanner;
public class RegexTest3 {
        public static void main(String[] args) {
        System.out.println("Please input:");
        Scanner sc = new Scanner(System.in);
        String str = sc.nextLine();
        String regex = "[\\s\\d\\p{Punct}] + "; /* 匹配空格、数字和!、#、
$等标点符号组成的字符序列* /
        String words[] = str.split(regex);
        for(int i = 0;i < words.length;i ++)
        {
            int j = i +1;
            System.out.println("word " + j + ":" + words[i]);
        }
        }
}
```

运行效果如下：

```
Please input:
I love China!
word 1:I
word 2:love
word 3:China
```

9.4　案例分析

9.4.1　案例情景——账号强度限制

编写一个程序，要求输入用户名符合 6~8 个字符长度，其中第 1 个字符为英文字母大

写，最后 1 个字符为特殊符号，其他字符为大写、小写、数字、_均可。

9.4.2 运行结果

```
please input username:
Cyp123!
Cyp123! is right!
```

9.4.3 实现方案

1. 案例分析

根据条件要求，正则表达式要求第 1 个字符为英文字母大写 [A－Z]{1}、最后 1 个字符为特殊符号 \p{Punct}{1}、中间字符为 4～6，由此可得到 regex = "[A－Z]{1}[a－zA－Z0－9_]{4,6}\\p{Punct}{1}"。

2. 参考程序代码

```java
package chapter09;
import java.util.Scanner;
public class UserTest {
        public static void main(String[] args)
        //用户名要求 6~8 个字符,其中第 1 个为字符大写,最后 1 个字符为特殊符号
        { String regex = "[A－Z]{1}[a－zA－Z0－9_]{4,6}\\p{Punct}{1}";
          System.out.println("please input username:");
          Scanner sc = new Scanner(System.in);
          String str = sc.nextLine();
          if(str.matches(regex))
                  System.out.println(str + "is right!");
          else
              System.out.println(str + "is wrong!");
        }
}
```

9.5 任务训练——编写实用技术程序

9.5.1 训练目的

（1）掌握 JRE 的扩展；
（2）掌握枚举的使用；

（3）掌握正则表达式的使用。

9.5.2　训练内容

1. 对正文中各段代码完成程序效果的演示。

2. 完成思考与练习中程序的编写与调试。

3. 编写 Java Application 程序，利用枚举显示成绩等级。

【程序效果】

good

【解题思路】

（1）定义枚举类 Score；

（2）利用 switch 完成成绩等级的显示。

【参考程序】

```java
package chapter09;
enum Score{
        GOOD,PASS,BAD;
};
public class ScoreTest {
        public static void main(String[] args) {
          getScore(Score.GOOD);
        }
        static void getScore(Score s) {
        switch(s) {
        case GOOD:
              System.out.println("good");
              break;
        case PASS:
              System.out.println("pass");
              break;
        case BAD:
              System.out.println("bad");
              break;
        }
        }
}
```

9.6 知识拓展

1. 问：什么情况下使用枚举类？

答：枚举类就是一个可以表示枚举的类，当一个类的对象只有有限个、确定个的时候，就可以定义一个枚举类来存放这些对象。

2. 问：如何灵活运用正则表达式？

答：正则表达式是一个强大的字符串处理工具，可以对字符串进行查找、提取、分割、替换等操作，是一种可以用于模式匹配和替换的规范。可运用方括号、限定符等形成不同的模式序列完成对字符串的处理，具体可查阅 java. util. regex 包。

思考与练习

1. 利用枚举实现学生 Student 的姓名（name）、年龄（age）、性别（sex）的显示。

2. 编写程序删除全部数字字符，例如，将形如"chenyan123ping"的数字字符删掉，得到字符串"chenyanping"。

3. 根据字符串"苹果 18.5 元，葡萄 34.2 元，西瓜 35.8 元"的账单，计算总消费多少元。

学习评价

评价项目	评价内容	分值	得分
JRE 与 jar 文件	掌握 jar. exe 的运用	30	
枚举	掌握枚举的概念及使用	30	
Java 正则表达式	掌握正则表达式的运用	30	
职业素养	理论运用于实践、自主学习能力	10	
合计		100	

第 10 章

数据库编程

【知识点】JDBC 的概念；JDBC 连接数据库的方法；JDBC 操作数据库的方法。

【能力点】熟练掌握使用 JDBC 编程完成对数据库数据的增、删、改、查功能。

【学习导航】

数据库编程是 Java 程序开发信息系统的一个重要环节。本章内容在 Java 程序开发能力进阶必备中的位置如图 10 - 0 所示。

图 10 - 0　本章学习导航

许多应用中涉及数据库的操作，其中相当一部分是以数据库为核心来组织整个系统的，而 Java 程序对数据库的访问与操作在其中起到重要作用，本章将介绍这方面的内容。

10.1　JDBC 编程技术概述

JDBC（Java DataBase Connectivity）是 Java 语言定义的一个 SQL 调用级的数据库编程接口。通过 JDBC API，编程人员不用关心底层数据库的细节差别，就能以统一的应用程序接口访问数据库。

10.1.1 数据库基础知识

数据库技术是数据管理的专用技术，主要研究如何科学地组织和存储数据，以及如何高效地获取和处理数据。

数据库系统是计算机信息系统的基础和主要组成部分，所有的数据库系统都是基于某种数据模型的。所谓数据模型，简单地说，就是数据库的逻辑结构。在数据库系统中，关系数据库因为支持关系模型而得名。所谓关系模型，形象地说就是二维表结构，也称为关系表，主流的关系数据库有 Access、SQL Server、Oracle、MySQL 等。

10.1.2 SQL 语言

SQL 语言是关系型数据库的标准操作语言。数据操作语言中定义了数据库的主要操作，包括数据的查询、插入、删除和修改，而数据库前端应用的主要任务就是用图形用户界面将这些操作包装起来，以提供多种方便使用的与数据库有关的功能。

（1）查询数据

在数据库中保存数据是为了供用户使用。用户要使用数据库中的数据，就必须把它们从数据库的表中提取出来，这个过程就称为"查询"，查询过程需要使用查询语句 SELECT。

（2）插入数据

一个表在刚建立时只有结构而没有数据，要向表中录入数据，则需要使用插入语句 INSERT，数据的插入是以记录为单位进行的。

（3）删除数据

当表中的数据有误或者失效时，可以用 DELETE 语句删除整条记录。

（4）修改数据

修改表中的数据之前，首先需要把修改的数据查询出来，然后用 UPDATE 语句完成必要的修改，最后把修改后的记录保存回原来的表中。

10.1.3 JDBC

JDBC 是 Sun 公司提供的 Java 数据库连接技术，是一种用 Java 语言实现的数据库接口技术，现已成为 Java 程序连接关系数据库的标准。目前，主流的关系数据库有 Access、SQL Server、Oracle、MySQL 等，相关数据库厂商都为 Java 提供了专用的 JDBC 驱动程序。为方便与不同的关系型数据库建立连接，进行相关操作，而无须为不同的 DBMS 分别编写程序，JDBC 提供了统一的接口，程序员可通过接口连接数据库。JDBC 将数据库访问封装在类和接口中，程序员可以方便地对数据库进行增、删、改、查等操作。

Java 中专门设计了一个包 java. sql，这个包里定义了很多用来实现 SQL 功能的类，使用这些类编程人员就可以方便地开发出数据库前端应用。辅助 Java 程序实现数据库功能的配套技术通称为 JDBC。

用 JDBC 开发数据库应用的原理如图 10 – 1 所示，JDBC 主要实现三方面的功能：建立与数据库的连接、执行 SQL 声明以及处理 SQL 执行结果。

①使用 JDBC – ODBC 桥实现 JDBC 到 ODBC 的转化，转换后可以使用 ODBC 的数据库专用驱动程序与某特定的数据库相连。这种方式的优点是使用简单，但是由于引入了 C 程序，

从而失去了 Java 的跨平台性。

②使用 JDBC 与某数据库系统专用的驱动程序相连，从而直接联入远端的数据库。这种方式的优点是程序效率高，但是专用驱动程序限制了前端应用与其他数据库系统的配合使用。

③使用 JDBC 与一种通用的数据库协议驱动程序相连，然后利用中间件和协议解释器将这个协议驱动程序与某种具体数据库相连。这种方式的优点是不但可以跨平台，而且可以连接不同的数据库系统，有良好的通用性，不过运行这样的程序需要购买第三方厂商开发的中间件和协议解释器。

图 10-1　JDBC 工作原理图

> **提醒：** JDK1.8 中取消了对 JDBC-ODBC 的支持，如果要用 JDBC-ODBC 的方式连接数据库，请装低版本的 JDK。

10.2　使用 JDBC 驱动程序编程

在 JDBC 工作中，供程序员编程调用的接口与类集成在 java. sql 和 javax. sql 包中，java. sql 包中常用的有 DriverManager 类、Connection 接口、Statement 接口和 ResultSet 接口。

①DriverManager 类根据数据库的不同，注册、载入相应的 JDBC 驱动程序，JDBC 驱动程序负责直接连接相应的数据库。

②Connection 接口负责连接数据库并完成传送数据的任务。

③Statement 接口由 Connection 接口产生，负责执行 SQL 语句，包括增、删、改、查等操作。

④ResultSet 接口负责保存 Statement 执行后返回的查询结果。

10.2.1 JDBC 程序模板

JDBC API 完成 3 件事，即通过 Connection 接口建立与数据库的连接、通过 Statement 接口执行 SQL 语句以及通过 ResultSet 接口处理返回结果。使用 JDBC API 编写 JDBC 程序的工作模板由 7 个部分组成。

（1）注册 JDBC 驱动

```
try{
    Class.forName("com.microsoft.sqlserver.jdbc.SQLServerDriver");
    //SQL Server 驱动程序
    //也可为其他 DBMS 的驱动程序
```

（2）处理异常

```
catch(ClassNotFoundException e){
    System.out.pintln("无法找到驱动类");
}
```

（3）用 JDBC URL 标识数据库，建立数据库连接

```
try{
    Connection con = DriverManager.getConnection(JDBC URL,数据库用户名,密码);
    //例如:
    Connection con = DriverManager.getConnection ("jdbc:sqlserver://localhost:1433;
    DatabaseName = student","sa","123456");
    //SQL Server 数据库 student,用户名 sa,密码 123456
```

（4）发送 SQL 语句

```
Statement stmt = con.createStatement();
ResultSet rs = stmt.executeQuery(SQL 语句);
```

（5）处理结果

```
while(rs.next()){                    //指向 rs 记录集第一行
    int x = rs.getInt(1);            //第 1 列的整型数据
    String s = rs.getString(2);      //第 2 列的字符串
    float f = rs.getFloat(3);        //第 3 列的 float 型数据
}
```

（6）释放资源

```
con.close();
```

（7）处理异常

```
    }
    catch(SQLException e){
        e.printStackTrac();
    }
```

10.2.2　使用专用 JDBC 驱动程序连接数据库

1. 下载并安装 Microsoft SQL Server 2008 JDBC Driver

从 Microsoft 公司网站下载 sqljdbc_2.0.1803.100_chs.exe，执行该文件进行解压即可得到 sqljdbc4.jar 文件，该文件包含了使用 JDBC 专用驱动程序连接数据库的相关类和接口。

下载网址：http://www.microsoft.com/zh-cn/download/details.aspx?id=2505。

2. 配置 SQL Server 2008 JDBC Driver

①设置 classpath。使用 Microsoft SQL Server 2008 JDBC Driver 驱动程序，将 sqljdbc4.jar 文件添加到 classpath，设置 classpath 的步骤参阅第 1 章。

②在 Eclipse 中选择菜单"Project"，选择属性"Properties"，在弹出的对话框中选择"Libraries"，如图 10-2 所示。然后单击右侧的按钮"Add External JARs"，找到 sqljdbc4.jar 所在目录后双击即可。

图 10-2　引入外部包界面

提醒：选中要连接的源文件，单击右键，选择"BuildPath"→"Configure Build Path"，也可弹出此对话框。

3. 配置 SQL Server 2008

为了使用 Microsoft SQL Server 2008 JDBC Driver 访问 SQL Server 2008 数据库，需要进行 TCP/IP 属性的设置。

①启用 TCP/IP 协议。单击"程序"→"Microsoft SQL Server 2008"→"配置工具"→"SQL 配置管理器"，打开"SQL Server Configuration Manmager"对话框，再选择左侧的"SQL Server 网络配置"→"MSSQLSERVER 的协议"，再双击右侧的"TCP/IP"，如图 10－3 所示。

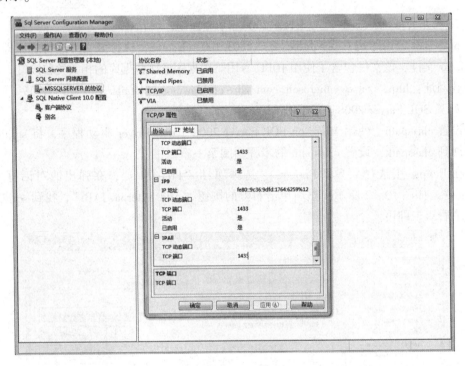

图 10－3 TCP/IP 设置界面

● 若"TCP/IP"没有启用，单击鼠标右键，选择"启动"选项。

● 双击"TCP/IP"，进行属性设置，在"IP 地址"选项卡中，可以配置"IPALL"中的"TCP"端口，端口号默认为 1433。（注意，不同 DBMS 端口号不一样。）

● 重新启动 SQL Server 服务。

②设置数据库引擎的验证模式。如果要使用 SQL Server（sa 用户）登录，需要将数据库引擎的验证模式设置为"SQL Server 和 Windows 身份验证模式"，如图 10－4 所示。（打开 SQL Server 2008 的"Microsoft SQL Server Management Studio"窗口，右键单击服务器选择"属性"，在弹出的对话框中选择"安全性"页即可。）

在如图 10－5 所示的窗口双击 sa 进行密码的设置，如图 10－6 所示。

图 10 – 4　设置数据库引擎的验证模式界面

图 10 – 5　目标 sa 位置界面

图 10 - 6　sa 密码设置界面

【**例 10 - 1**】 使用 JDBC 专用驱动程序示例。

```java
package chapter10;
import java.sql.*;
public class OnlyJdbc{
public static void main(String args[]){
    try{
    Class.forName("com.microsoft.sqlserver.jdbc.SQLServerDriver");
//加载驱动程序
        System.out.println("JDBC 驱动程序加载成功!");
    }
    catch(Exception e){
        System.out.println("无法载入 JDBC 驱动程序!");
    }
    try{
        //以下注释的四条语句等价于下面的一条数据库连接语句
        //String sConn = " jdbc: sqlserver://localhost: 1433; Data-
baseName = student";
        //连接数据库
        //String sUser = "sa";
```

```
        //String sPass = "123456";
        //Connection con = DriverManager. getConnection (sConn, sUser,
sPass);
        Connection con = DriverManager. getConnection ("jdbc: sqlserv-
er://localhost:1433;DatabaseName = student","sa","123456");  //连接数据库
        System. out. println("数据库连接成功!");
        }
        catch(SQLException e){
            System. out. println("SQL 异常");
        }
    }
}
```

程序运行效果如图 10 - 7 所示。

图 10 - 7　加载驱动程序与连接数据库运行效果图

10. 2. 3　执行 SQL 语句

1. Statement 接口

Statement 接口是 Java 执行数据库操作的一个重要方法,用于在已经建立数据库连接的基础上,向数据库发送要执行的 SQL 语句。Statement 接口有 3 种 Statement 对象,它们都作为在指定连接上执行 SQL 语句的容器。

其中,Statement 对象用于执行不带参数的简单 SQL 语句,它提供了执行语句和获取结果的基本方法。

PreparedStatement 对象是从 Statement 对象继承而来的,用于执行带或不带 IN 参数的预编译 SQL 语句。

CallableStatement 对象是从 PreparedStatement 对象继承而来的,用于执行对数据库的存储过程的调用,它添加了处理 OUT 参数的方法。

利用 Connection 的方法 createStatement 创建 Statement 对象的语句如下:

```
Connection con = DriverManager. getConnection(url,,"sa","");
//连接数据库
Statement stmt = con. createStatement();              //创建 stmt 对象
```

Statement 接口提供了三种执行 SQL 语句的方法：executeQuery、executeUpdate 和 execute。在实际应用中，使用哪一个方法由 SQL 语句所产生的内容决定。

执行语句的所有方法都会关闭所调用的 Statement 对象当前打开的结果集，这意味着在重新执行 Statement 对象之前，需要完成对当前 ResultSet 对象的处理。Statement 对象由 Java 垃圾收集程序自动关闭，程序员也应在不需要 Statemnet 对象时显式地关闭它们，从而释放 DBMS 资源。

2. ResultSet 接口

结果集（ResultSet）是数据库中查询结果返回的一种对象，可以说结果集是一个存储查询结果的对象，它不仅具有存储的功能，同时还具有操纵数据的功能。可以完成处理结果集的方法很多，我们在此介绍常用的方法。

next( )方法的功能是将指示器下移一行，使下一行变成当前行。在使用 ResultSet 对象前，必须调用 next( )方法一次，让它指向第一行。

getXXX( )方法指明要提取的列，有两种方式：

①从当前指定列中提取不同类型的数据。

```
rs.getInt("ID");//读取 ResultSet 对象 rs 当前行中列名为 ID 的整型值
rs.getString("Name");/*读取 ResultSet 对象 rs 当前行中列名为 Name 的字符串值*/
```

②给出列的索引（列序号），1 代表首列，2 代表第 2 列，依此类推。

```
String s = rs.getString(2);//提取当前行中的第 2 列数据
```

提醒：列序号指的是结果集中的列序号，而不是原表中的列序号。

10.3　数据库的基本操作

数据库的基本操作主要包括增加、删除、修改和查询等，操作对象主要包括数据库、表、记录、字段等。本章主要数据表内容的增、删、改、查的操作。

10.3.1　数据查询

数据查询主要是指在一定条件下对数据库表中的数据进行查询显示，查询过程中主要会用到 Statement 接口中的一些方法。

Statement 接口用于执行不带参数的简单 SQL 语句，而 ReparedStatment 接口和 Callablestament 接口都继承自 Statement 接口。

创建一个 Statemnet 接口的格式如下：

```
Connection con = DriverManager. getConnection(URL,"user","password");
Statement sm = con. createStatement();
```

创建了 Statement 接口的实例后，可调用其中的方法执行 SQL 语句，JDBC 中提供了 3 种执行方法，具体见表 10 - 1。

表 10 - 1　3 种执行 SQL 语句的方法

序号	方法名称	语句功能	适用 SQL 语句
1	executeQuery	用于产生单个结果集，完成查询动作	SELECT
2	executeUpdate	用于执行数据更新（增、删、改）操作，返回值是一个整数，指示所受影响的行数（更新计数）。对于 CREATE TABLE 或 DROP TABLE 等不操作行的语句，返回值为零	INSERT、UPDATE、DE-LETE、CREATE TABLE 或 DROP TABLE
3	execute	用于执行任何 SQL 语句，当执行查询时，则方法返回 true；反之，方法返回 false	包含多个 ResultSet（结果集） 多条记录被影响 既包含结果集，也有记录被影响

【例 10 - 2】用 JDBC 实现查询用户信息。

提醒：运行本程序之前，需要在 SQL Server 2008 数据库中创建 "student" 数据库和 "users" 的数据表，其中表有两个字段 userid char（10）和 usepwd char（20），其值如图 10 - 8 所示。

userid	userpwd
admin	admin
cyp	123456
dm	654321

图 10 - 8　数据库表中数据

```
package chapter10;
import java. sql. *;
public class QueryStudent{
public static void main(String args[]){
    try{
```

```
        Class. forName("com. microsoft. sqlserver. jdbc. SQLServerDri-
ver");
        //加载驱动程序
    }
    catch(Exception e){
        System. out. println("无法载入 JDBC 驱动程序");
    }
    try{
        Connection con = DriverManager. getConnection ("jdbc: sqlserv-
er://localhost:1433;DatabaseName = student","sa","123456");  //连接数据库
        System. out. println("用户名   密码");
        Statement stmt = con. createStatement();   //创建 stmt 对象
        ResultSet rs = stmt. executeQuery("select* from users");
        //executeQuery()方法执行 SQL 语句
        while(rs. next()){
            System. out. println(rs. getString(1) + "   " + rs. getString(2));
        }
        rs. close();
        stmt. close();
    }
    catch(SQLException e){
        System. out. println("SQL 异常");
    }
    }
}
```

程序运行效果如图 10 - 9 所示。

图 10 - 9   数据查询运行结果

10.3.2　数据添加、修改和删除

数据的添加、修改和删除主要是对数据库中数据表的内容进行增、删、改，在这一过程中除了 Statement 接口外，还将用到 PreparedStatement 接口。

PreparedStatement 接口是 Statement 接口的子接口，它直接继承并重载了 Statement 接口的方法，并且有以下两大特点：

①PreparedStatement 实例包含已编译的 SQL 语句，当需要多次执行同一条 SQL 语句时，利用 PreparedStatement 传送 SQL 语句可以大大提高执行效率。

②PreparedStatement 对象中的 SQL 语句可具有一个或多个输入参数，输入参数的值在 SQL 语句创建时未被指定。该语句为每个 IN 参数保留一个问号（"?"）作为占位符，每个问号的值必须在该语句执行之前，通过适当的 setXXX 方法来提供。

1. 创建 PreparedStatement 对象

在建立连接后，调用 Connection 接口中的方法 prepareStatement() 即可创建一个 PreparedStatement 的对象，其中包含一条带参数的 SQL 语句，语法格式如下：

```
PreparedStatement psm = con. prepareStatement ("Insert users (u_name,u_
pass) values (?,?)");
```

2. 输入参数的赋值

PreparedStatement 中提供了大量的用于对输入参数进行赋值的 setXXX 方法，在实际应用中，应根据参数的 SQL 类型选用合适的方法。其中 setXXX 方法的第一个参数是要设置的参数的序号，第二个参数是设置给该参数的值，例如：

```
psm. setString (1,"test1");
psm. setString (2,"test2");
```

其他常见的方法还有 setInt、setLong、setBoolean、setShort 和 setByte 等。

【例 10 – 3】用 JDBC 实现信息的添加。

```
package chapter10;
import javax. swing. * ;
import java. awt. event. * ;
import java. sql. * ;
public class InsertUser extends JFrame implements ActionListener{
    JPanel JpMain;
    JLabel lblName,lblPass;
    JTextField txtName,txtPass;
    JButton btnInsert,btnUpdate,btnDelete,btnNext;
    Connection con;
    ResultSet rs;
```

```java
    //构造方法
    public InsertUser()  {
    super("用户数据的添加");
    JpMain = new JPanel();
    lblName = new JLabel("用户名:");
    lblPass = new JLabel("密    码:");
    txtName = new JTextField(16);
    txtPass = new JTextField(16);
    btnInsert = new JButton("插入");
    btnInsert. addActionListener(this);
    btnUpdate = new JButton("修改");
    btnUpdate. addActionListener(this);
    btnDelete = new JButton("删除");
    btnDelete. addActionListener(this);
    btnNext = new JButton(" > >");
    btnNext. addActionListener(this);
    JpMain. add(lblName);
    JpMain. add(txtName);
    JpMain. add(lblPass);
    JpMain. add(txtPass);
    JpMain. add(btnInsert);
    JpMain. add(btnUpdate);
    JpMain. add(btnDelete);
    JpMain. add(btnNext);
    setContentPane(JpMain);
    setSize(280,150);
    setVisible(true);
    setResizable(false);
}
//按钮事件处理
public void actionPerformed(ActionEvent ae){
    if(ae. getSource() ==btnInsert)
        insertUser();
        if(ae. getSource() ==btnNext){
            try{
                rs. next();
                txtName. setText(rs. getString(1));
```

```
                    txtPass. setText(rs. getString(2));
                }catch(Exception e){
                    JOptionPane. showMessageDialog(null,"数据获取错误");
                }
            }
        }
    public Connection openDB(){
        try  {
            Class. forName("com. microsoft. sqlserver. jdbc. SQLServer-
Driver");
            //加载驱动程序
    con = DriverManager. getConnection("jdbc:sqlserver://localhost:1433;
DatabaseName = student","sa","123456");
            return con;
        }
        catch(Exception e){
            JOptionPane. showMessageDialog(null,"连接数据库失败!");
            return null;
        }
    }
    public void getUser(){
        try{
            Statement stmt = openDB(). createStatement();
            rs = stmt. executeQuery("select * from users");
        }catch(Exception e){
            JOptionPane. showMessageDialog(null,"用户信息获取失败!");
        }
    }
    public void insertUser(){
    //使用 PreparedStatement 插入记录
        try{
            PreparedStatement psm = openDB(). prepareStatement("Insert
users(userid,userpwd)values(?,?)");
            psm. setString(1,txtName. getText());
            psm. setString(2,txtPass. getText());
            psm. executeUpdate();
```

```
            JOptionPane. showMessageDialog(null,"用户添加成功!");
            psm. close();
        }
        catch(Exception e){
            JOptionPane. showMessageDialog(null,"用户添加失败!");
        }
    }

    public static void main(String args[]){
        InsertUser mu = new InsertUser();
        mu. getUser();
    }
}
```

程序运行效果如图 10 – 10 所示。

图 10 – 10　数据添加效果图

用户数据的修改和删除将在案例分析中进行介绍。

10.4　案例分析：用户信息管理

利用本章所学数据库的基本操作完成一个具有一定功能的综合实例。

10.4.1　案例情景——用户信息管理

编写一个简单的信息管理程序，实现用户信息的查询、添加、修改和删除功能。

10.4.2　运行结果

程序运行效果如图 10 – 11 所示。

10.4.3　实现方案

1. 案例分析

①定义用户信息管理的文本框及按钮；

②利用布局管理器完成界面的布局工作；

③利用事件处理完成程序的基本操作；

④利用 JDBC 完成对数据库的处理。

图 10 - 11　增、删、改效果图

(a) 添加用户信息窗口；(b) 修改用户信息窗口；(c) 删除用户信息窗口

2. 参考程序代码

```java
package chapter10;
import javax.swing.*;
import java.awt.event.*;
import java.sql.*;
public class UpdateUser extends JFrame implements ActionListener{
JPanel JpMain;
JLabel lblName,lblPass;
JTextField txtName,txtPass;
JButton btnInsert,btnUpdate,btnDelete,btnNext;
Connection con;
ResultSet rs;
//构造方法
public UpdateUser() {
```

```
        super("用户数据的增-删-改");
        JpMain = new JPanel();
        lblName = new JLabel("用户名:");
        lblPass = new JLabel("密  码:");
        txtName = new JTextField(16);
        txtPass = new JTextField(16);
        btnInsert = new JButton("插入");
        btnInsert.addActionListener(this);
        btnUpdate = new JButton("修改");
        btnUpdate.addActionListener(this);
        btnDelete = new JButton("删除");
        btnDelete.addActionListener(this);
        btnNext = new JButton(">>");
        btnNext.addActionListener(this);
        JpMain.add(lblName);
        JpMain.add(txtName);
        JpMain.add(lblPass);
        JpMain.add(txtPass);
        JpMain.add(btnInsert);
        JpMain.add(btnUpdate);
        JpMain.add(btnDelete);
        JpMain.add(btnNext);
        setContentPane(JpMain);
        setSize(280,150);
        setVisible(true);
        setResizable(false);
    }
    //按钮事件处理
    public void actionPerformed(ActionEvent ae){
        if(ae.getSource() ==btnInsert)
            insertUser();
        if(ae.getSource() ==btnUpdate)
            updateUser();
        if(ae.getSource() ==btnDelete){
            int intChoice = JOptionPane.showConfirmDialog(null,"确定要删除
该记录吗?","确认删除",JOptionPane.YES_NO_OPTION);
            if(intChoice == JOptionPane.YES_OPTION)
                deleteUser();
```

```
        }
        if(ae.getSource()==btnNext){
            try{
                rs.next();
                txtName.setText(rs.getString(1));
                txtPass.setText(rs.getString(2));
            }catch(Exception e){
                JOptionPane.showMessageDialog(null,"数据获取错误");
            }
        }
    }
    public Connection openDB(){
        try  {
            Class.forName("com.microsoft.sqlserver.jdbc.SQLServerDri-
ver");//加载驱动程序
    con = DriverManager.getConnection ("jdbc:sqlserver://localhost:1433;
DatabaseName=student","sa","123456");
            return con;
        }
        catch(Exception e){
            JOptionPane.showMessageDialog(null,"连接数据库失败!");
            return null;
        }
    }
    public void getUser(){
        try{
            Statement stmt=openDB().createStatement();
            rs=stmt.executeQuery("select * from users");
        }catch(Exception e){
            JOptionPane.showMessageDialog(null,"用户信息获取失败!");
        }
    }
    public void insertUser(){          //使用 PreparedStatement 插入记录
        try{
            PreparedStatement psm=openDB().prepareStatement("Insert us-
ers(userid,userpwd)values(?,?)");
            psm.setString(1,txtName.getText());
            psm.setString(2,txtPass.getText());
```

```
            psm. executeUpdate();
            JOptionPane. showMessageDialog(null,"用户添加成功!");
            psm. close();
        }
        catch(Exception e){
            JOptionPane. showMessageDialog(null,"用户添加失败!");
        }
    }
    public void updateUser(){              //使用 Statement 修改记录
        try{
            Statement sm = openDB(). createStatement();
            String strUpdate = " update users set userpwd = '" + txt-
Pass. getText() +"'where userid = '" + txtName. getText() +"'";
            sm. executeUpdate(strUpdate);
            JOptionPane. showMessageDialog(null,"用户修改成功!");
            sm. close();
        }
        catch(Exception e){
            JOptionPane. showMessageDialog(null,"用户修改失败!");
        }
    }
    public void deleteUser(){              //删除记录
        try{
            Statement sm = openDB(). createStatement();
            sm. executeUpdate("delete from users where userid = '" + txt-
Name. getText() +"'");
            JOptionPane. showMessageDialog(null,"用户删除成功!");
            sm. close();
        }
        catch(Exception e){
            JOptionPane. showMessageDialog(null,"用户删除失败!");
        }
    }
    public static void main(String args[]){
        UpdateUser us = new UpdateUser();
        us. getUser();
    }
}
```

10.5　任务训练

10.5.1　训练目的

（1）掌握 JDBC 连接数据库的方法；
（2）掌握数据库的基本操作；
（3）掌握结合 Swing 完成具有一定功能的程序。

10.5.2　训练内容

1. 完成对正文中各段代码程序效果的演示。

2. 完成具有不同功能需求的程序的编写与调试。

3. 编写一个用户信息查询程序，在本章案例的基础上增加输入用户名进行查询的功能，同时完善部分程序。

【程序效果】

运行效果如图 10 – 12 所示。

图 10 – 12　程序运行效果图

【解题思路】

（1）新增文本框与按钮，完成界面布局；

（2）定义一个 searchUser( )方法，完成对数据的检索。

（3）按钮" ＞ ＞"执行最后一条记录的处理方式。

【参考程序】

参考程序中省略号部分与本章案例分析代码相同，请参照查看。

```
package chapter10;
import javax.swing.*;
import java.awt.event.*;
import java.sql.*;
public class SearchUser extends JFrame implements ActionListener{
JPanel JpMain;
JLabel lblName,lblPass;
JTextField txtName,txtPass,inputName;   //新增输入文本框 inputName
JButton btnInsert,btnUpdate,btnDelete,btnNext,btnSearch;
//新增查询按钮 btnSearch
Connection con;
ResultSet rs;
SearchUser us;
//构造方法
public SearchUser()   {
    ...
    inputName = new JTextField(10);
    inputName.addActionListener(this);
    btnSearch = new JButton("查询");
    btnSearch.addActionListener(this);
    ...
    JpMain.add(inputName);      //添加文本框组件
    JpMain.add(btnSearch);      //添加按钮组件
}
//按钮事件处理
public void actionPerformed(ActionEvent ae){
    ...
    if(ae.getSource()==btnSearch || ae.getSource()==inputName)
    //单击"查询"按钮或在文本框里面按回车键
        searchUser();
    if(ae.getSource()==btnNext){
        try{
            rs.next();
            if(rs.isAfterLast())      //处理最后一条记录
```

```
                        JOptionPane. showMessageDialog (null,"已经是最后一条
记录!");
                else{
                    txtName. setText (rs. getString (1));
                    txtPass. setText (rs. getString (2));
                }
            }catch(Exception e){
                JOptionPane. showMessageDialog(null,"数据获取错误");
            }
        }
    }
    ...
    public void searchUser (){
        try{
            Statement sm = openDB(). createStatement ();
            String strSearch = "select * from users where userid = '" + input-
Name. getText () +"'";
            sm. executeQuery(strSearch);
            rs = sm. executeQuery(strSearch);
            rs. next ();
            txtName. setText (rs. getString (1));
            txtPass. setText (rs. getString (2));
            rs. close ();
            sm. close ();
        }
        catch (Exception e){
            JOptionPane. showMessageDialog(null,"系统无此用户,查询失败!");
        }
    }
    public static void main(String args[]){
        SearchUser us = new SearchUser ();
        us. getUser ();
    }
```

提醒： 本例中并未对添加、修改和删除按钮中的数据有效性进行处理，请读者自行补充完整。

10.6　拓展知识

1. 问：如何使用 JDBC 直接驱动连接数据库？

答：为了在不同平台下能顺利连接数据库，可以使用 JDBC 直接驱动。但是对于不同的 DBMS，需要下载相应的驱动程序，比如访问 SQL Server 2008 需要下载 sqljdbc_ 2. 0. 1803. 100_ chs. exe 才可。

2. 问：如何理解 ResultSet？

答：ResultSet 对象中存放了查询所返回的数据。数据在 Resultset 内部是一个二维的表格，每一行称为记录，每一列称为字段。当要定位到表格的某个单元格时，需要将数据库记录指针移到对应行，然后指定对应的列，如：

```
rs.next();  //指向当前行
System.out.println(rs.getString(1));//某行第一列的值,即某单元格的值
```

思考与练习

一、选择题

1. SQL 编程中要捕获的异常是（　　　）。

A. ArrayIndexOutOfBounds　　　　B. NullPointerException

C. ArithmeticException　　　　　　D. ClassNotFoundException

2. 下列不是 JDBC API 的类及接口的是（　　　）。

A. DriverManager 类　　　　　　B. SQL 接口

C. PreparedStatement　　　　　　D. Connection 接口

3. 数据增、删、改、查等操作使用的方法是（　　　）。

A. operateSQL( )　　　　　　　　B. executeUpdate( )

C. executeQuery( )　　　　　　　D. execute( )

4. 查询结果集的接口是（　　　）。

A. ResultSet　　　　　　　　　　B. List

C. Collection　　　　　　　　　　D. Set

5. 用来向 DBMS 发送 SQL 的 JDBC 对象是（　　　）。

A. Statement　　　　　　　　　　B. Connection

C. DriverManager　　　　　　　　D. ResultSet

二、简答题

1. 说明 JDBC 编程的基本步骤。

2. 说明 execute( )、executeUpdate( ) 和 executeQuery( ) 的用法区别。

学习评价

评价项目	评价内容	分值	得分
JDBC 技术	掌握 JDBC 技术基本概念	10	
JDBC 驱动编程	掌握 JDBC 驱动编程方法	30	
数据库的基本操作	掌握数据库的基本操作	50	
职业素养	理论运用于实践、举一反三	10	
合计		100	

思考与练习参考答案

第 1 章 Java 语言概述

一、选择题

1. D　2. C　3. A　4. D　5. A

二、编程题

1. 编写一个 Java Application 程序，输出自己的学号与名字。

```java
package chapter01;
public class ShowName {
    public static void main(String[]args){
        System.out.println("学号:20140001,姓名:张三");
    }
}
```

2. 编写 Java Application 程序，输出一个由 6 行 "＊" 组成的直角三角形。

```java
package chapter01;
public class RightTriangle{
    public static void main(String[]args){
    //方法1:直接利用println()方法换行输出
        /*
        System.out.println("＊");
        System.out.println("＊＊");
        System.out.println("＊＊＊");
        System.out.println("＊＊＊＊");
        System.out.println("＊＊＊＊＊");
        */
        //方法2:利用循环结构与print()与println()方法完成输出
        for(int i=1;i<=5;i++){
```

```
        for(int j =1;j <= i;j ++)
            System. out. print("*");
            System. out. println("");
        }
    }
}
```

第2章 数据类型与运算符

一、选择题

1. B　2. A　3. B　4. C　5. C　6. D　7. B　8. D

二、计算题

1. 已知 int i =6, j =8;, 分别对下面表达式进行计算后求 i 和 j 的值。

(1) j += ++i;

结果为: 15　i =7, j =15

(2) j -= 5 + i ++;

结果为: -3　i =7, j = -3

(3) j += j -= j *= j;

结果为: -48　i =6, j = -48

2. 已知 int i =10, j =20, k =30;, 计算下面表达式的值。

(1) i < 10 && j > 10 && k! = 10　　　　　假 (F)

(2) i < 10 || j > 10 || k! = 10　　　　　真 (T)

(3) ! (i + j > k) && ! (k - j > i)　　　　真 (T)

三、编程题

1. 编写一个程序, 给出汉字 "你" "我" "他" 在 Unicode 表中的位置。

```
package chapter02;
public class Place{
    public static void main(String[ ]args)
        {  char char1 = '我';
        int i = char1;
        System. out. println(String. valueOf(i));


        }
}
```

2. 编写一个程序，从键盘输入 2 个数，求这两个数的和、差、积与商。

```java
package chapter02;
import java.util.Scanner;
public class Compute{
    public static void main(String[]args){
    Scanner input = new Scanner(System.in);
    System.out.println("请输入第 1 个数:");
    double x = input.nextDouble();
    //输入 Double 类型的方法 nextDouble()
    System.out.println("请输入第 2 个数:");
    double y = input.nextDouble();
    System.out.println("两个数之和 =" + (x + y));
    System.out.println("两个数之差 =" + (x - y));
    System.out.println("两个数之积 =" + (x * y));
    System.out.println("两个数之商 =" + (x/y));
    }
}
```

第 3 章   流程控制结构

一、选择题

1. C   2. A   3. C   4. B   5. D

二、编程题

1. 编写程序，实现 n!（阶乘）之和（n = 5）。

```java
package chapter03.exercise;
public class Factor{
  public static void main(String args[]){
      long f,result = 0;
      int i,j;
      for(i = 1;i <= 5;i ++)
      {
        for(f = 1,j = 1;j <= i;j ++)
        {   f * = j;
        }
```

```
            result += f;
        }
        System. out. println("最后结果为:" + result);
    }
}
```

2. 编写程序，实现对输入的任一整数按相反顺序输出该数。例如输入 1314，输出 4131。

```
package chapter03;
public class BtoF{
    public static void main(String[]args){
    //编写一程序,实现对输入的一个整数,按相反顺序输出该数。例如输入 1314
输出 4131
        int x = 1314;
        int r;
        System. out. print("输出结果为:");
        while(x! = 0)
        {r = x% 10;
        System. out. print(r);
        x = x/10;

        }
    }
}
```

3. 编写程序，实现输出 100～999 之间的水仙花数的功能。提示：水仙花数是指一个三位数，其各位数字的立方和等于该数本身，即 $d_1 d_2 d_3 = d_1 * d_1 * d_1 + d_2 * d_2 * d_2 + d_3 * d_3 * d_3$。

```
package chapter03;
public class Narcissus{
    public static void main(String args[]){
    //水仙花数
    int d1,d2,d3,i,j;
    for(i = 100;i <= 999;i ++){
        d3 = i% 10;
        j = i/10;
        d2 = j% 10;
```

```
        d1 = j/10;
    if(i == d1 * d1 * d1 + d2 * d2 * d2 + d3 * d3 * d3)
        System.out.println(i);
    }
  }
}
```

4. 猴子吃桃子问题：猴子第一天摘下若干个桃子，当即吃了一半，还不过瘾，又多吃了一个，第二天早上将剩下的桃子吃掉一半，又多吃了一个。以后每天早上都吃了前一天剩下的一半零一个。到第 10 天早上想再吃时，只剩下一个桃子了，求第一天共摘了多少桃子。

```
package chapter03;
public class Peach{
  public static void main(String[]args){
      int x = 1;
      for(int i = 10;i > 1;i--)
      {
          x = 2 * (x + 1);
      }
      System.out.println("猴子第 1 天摘了:" + x + "个桃子");
  }
}
```

第 4 章　数组与字符串

一、选择题

1. A　2. A　3. D　4. D　5. B

二、编程题

1. 编写一个 Java Application 程序，把 100 以内的所有偶数依次赋给数组中的元素，并向控制台输出各元素。

```
package chapter04;
public class Even{
  public static void main(String[]args){
```

```
        int arrayeven[] = new int[51];
        for(int i = 0;i < arrayeven. length;i ++){
            arrayeven[i] = 2 * i;
        }
        for(int i = 0;i < arrayeven. length;i ++){
            System. out. print(arrayeven[i] + "");
        }
        }
    }
```

2. 小明要去买一部手机，他询问了 4 家店的价格，分别是 2 800、2 900、2 750 和 3 100 元，编写程序输出最低价。

```
package chapter04;
import java. util. *;
public class LowerPrice{
    public static void main(String[ ]args){
        Scanner input = new Scanner(System. in);
        int price[] = new int[4];
        for(int i = 0;i < price. length;i ++){
            System. out. println("请输入第" + (i + 1) + "个价格:");
            price[i] = input. nextInt();
        }
        int x = price[0];
        for(int i = 1;i < price. length;i ++){
            if(x > price[i])
                x = price[i];
        }
        System. out. println("最低价格为:" + x);
    }
}
```

3. 现有一按照由大到小排列的数组 {85，63，49，22，10}，请将 80（数据从控制台完成输入）插入其中，使它们仍然按照由大到小的顺序排列。

```
package chapter04;
import java. util. Scanner;
public class BigToSmall{
        public static void main(String[]args){
```

```java
        int arrayBtoS = new int[6];
        arrayBtoS[0] = 85;
        arrayBtoS[1] = 63;
        arrayBtoS[2] = 49;
        arrayBtoS[3] = 22;
        arrayBtoS[4] = 10;
        System.out.print("原数组:");
        for(int i = 0; i < arrayBtoS.length; i++){
            System.out.print(arrayBtoS[i] + "");
        }
        System.out.println();
        System.out.print("请输入要插入的数:");
        Scanner input = new Scanner(System.in);
        int x = input.nextInt();
        int i;
        for(i = 0; i < arrayBtoS.length; i++){
        //查找插入数的所在位置号
            if(arrayBtoS[i] <= x)
                break;
            else
                arrayBtoS[arrayBtoS.length - 1] = x;
        }
    for(int j = arrayBtoS.length - 1; j > i; j--)//数据往后移
        arrayBtoS[j] = arrayBtoS[j - 1];
        arrayBtoS[i] = x;
        System.out.print("插入" + "x" + "后的数组:");
        for(i = 0; i < arrayBtoS.length; i++){
            System.out.print(arrayBtoS[i] + "");
        }
    }
}
```

4. 随机输入一个姓名，然后分别输出姓和名。

```java
package chapter04;
import java.util.Scanner;
public class GetName{
```

```
public static void main(String[] args){
    Scanner input = new Scanner(System.in);
    System.out.print("输入任意一个姓名:");
    String name = input.next();
    int length = name.length();
    if(length <= 3){          //姓名为2~3个字
        System.out.println("\n姓氏:  " + name.charAt(0));
        //获得姓
        System.out.println("名字:  " + name.substring(1,length));
//获得名
    }
    else          //姓名为复姓
    {
        System.out.println("\n姓氏:  " + name.substring(0,2));  //
获得姓
        System.out.println("名字:  " + name.substring(2));
        //获得名
    }
}
```

5. 编写一程序, 输入5种水果的英文名称 (葡萄 grape、橘子 orange、香蕉 banana、苹果 apple、桃 peach), 并按字典里出现的先后顺序将其输出。

```
package chapter04;
import java.util.*;
public class SortFruit{
    public static void main(String[]args){
        String fruit[] = new String[5];
        Scanner input = new Scanner(System.in);
        for(int i = 0; i < fruit.length; i++){
            System.out.print("请输入第" + (i+1) + "种水果:");
            fruit[i] = input.next();
        }
        Arrays.sort(fruit);
        System.out.println("\n这些水果在字典中出现的顺序是:");
        for(int i = 0; i < fruit.length; i++){
            System.out.println(fruit[i]);
```

```
        }
    }
}
```

6. 某公司对固定资产进行编号：购买年份（如2010年3月购买，则购买年份的编号为201003）+产品类型（设1为台式机、2为笔记本、3为其他，统一采用两位数字表示，数字前面加0）+3位随机数。请编程自动生成公司固定资产产品编号。

```java
package chapter04;
import java.util.Scanner;
public class GetProNo{
    public static void main(String[] args){
        Scanner input = new Scanner(System.in);
        System.out.print("请输入年份：  ");
        String year = input.next();
        System.out.print("请输入月份：  ");
        String month = input.next();
        System.out.print("请选择产品类型(1.台式机  2.笔记本  3.其他)");
        int type = input.nextInt();
        int random = (int)(Math.random() * 1000);  //产生3位随机数
        String productNo = year + month + "0" + type + random;
        //产生产品编号
        System.out.println("该固定资产编号是:" + productNo);
    }
}
```

第5章　面向对象程序设计

一、选择题

1. A　2. B　3. B　4. D　5. C

二、编程题

1. 编写 Book 类，要求类具有书名、书号、主编、出版社、出版时间、页码、价格，其中页数不能少于250页，否则输出错误信息；具有 detail 方法，用来在控制台输出每本书的信息。

```
package chapter05;
import java. util. * ;
public class BookTest{
   public static void main(String[ ]args){
       /* 无参构造方法*/
       //   Book book = new Book();
       /*带参构造方法*/
       Book book = new Book ("Java 程序设计实例教程","9787115226075",
"刘志成","人民邮电大学出版社",new Date(2010,8,1),275,32);
       book. detail();
   }
}
```

以下定义的为 Book 类：

```
package chapter05;
import java. util. * ;
/* *
* Book. java
*用封装编写的书类
*/
public class Book{
    private String bookName;
    private String ISBN;
    private String author;
    private String press;
    private Date publishedDate;
    private int pageNum;
    private double price;
//DateFormat dateFormat = new SimpleDateFormat ("yyyy - MM - dd");
  //Calendar c = Calendar. getInstance ();
  public Book(){
    this. bookName = "Java 程序设计实例教程";
    ISBN = "9787115226075";
    this. author = "刘志成";
    this. press = "人民邮电大学出版社";
    /* try{
    this. publishedDate = dateFormat. parse ("2008 - 09 - 01");
```

```
        }catch(ParseException e){
            e.printStackTrace();
        }*/
    this.publishedDate=new Date(2010,8,1);
    this.pageNum=275;
    this.price=32;
}
public Book(String bookName, String isbn, String author, String press,
        Date publishedDate, int pageNum, double price){
    this.bookName=bookName;
    ISBN=isbn;
    this.author=author;
    this.press=press;
/*  try{
        this.publishedDate=dateFormat.parse("publishedDate");
        }catch(ParseException e){
            e.printStackTrace();
        }
    */
    this.publishedDate=publishedDate;
    this.pageNum=pageNum;
    this.price=price;
}
public String getBookName(){
    return bookName;
}
public void setBookName(String bookName){
    this.bookName=bookName;
}
public String getISBN(){
    return ISBN;
}
public void setISBN(String isbn){
    ISBN=isbn;
}
```

```java
public String getAuthor(){
    return author;
}
public void setAuthor(String author){
    this.author = author;
}
public String getPress(){
    return press;
}
public void setPress(String press){
    this.press = press;
}
public Date getPublishedDate(){
    return publishedDate;
}
public void setPublishedDate(Date publishedDate){
    this.publishedDate = publishedDate;
}
public int getPageNum(){
    return pageNum;
}
public void setPageNum(int pageNum){
    if  (pageNum < 250){
        System.out.println("页数不能少于250页!");
        this.pageNum = 250;
    }else{
        this.pageNum = pageNum;
    }
}
public double getPrice(){
    return price;
}
public void setPrice(double price){
    this.price = price;
}
public void detail(){
    System.out.println("书名:" + bookName);
```

```
        System. out. println("书号:"+ISBN);
        System. out. println("主编:"+author);
        System. out. println("出版社:"+press);
        System. out. println("出版时间:"+publishedDate. getYear()+"年"+pub-
lishedDate. getMonth()+"月"+publishedDate. getDate()+"日");
        System. out. println("页数:"+pageNum);
        System. out. println("价格:"+price+"元");
    }
}
```

2. 编写接口和实现类：动物（Animal）会动，老虎（Tigger）会跑，鸟（Bird）会飞，鱼（Fish）会游。测试运行结果。

```
    package chapter05;
/ * *
 * AnimalTest. java
 * 测试类,利用接口和多态性。
 * /
public class AnimalTest {                    //主类
    / * *
      * @ param args
      * /
    public static void main(String[ ]args){
        new Tiger(). move();
        new Bird(). move();
        new Fish(). move();
    }
}
```

以下定义的为其他各动物类：

```
package chapter05;
/ * *
 * Animal. java
 * 接口
 * /
public interface Animal {
void move();   //能够动
    }
```

```
/**
 * Tiger. java
 * 实现类
 */
class Tiger implements Animal{
    @Override
    public void move(){
        System. out. println("老虎(Tiger)会跑");
    }
}
/**
 * Bird. java
 * 实现类
 */
class Bird implements Animal{
    @Override
    public void move(){
        System. out. println("鸟(Bird)会飞");
    }
}
/**
 * Fish. java
 * 实现类
 */
class Fish implements Animal{
    @Override
    public void move(){
        System. out. println("鱼(Fish)会游");
    }
}
```

第 6 章　异常处理

一、选择题

1. B　2. A　3. C　4. C　5. C

二、编程题

1. 用 try/catch/finally 结构编写程序，依次显示 ArithmeticException 异常、ArrayIndexOut-OfBoundsException 异常和 Exception 异常的信息。

```java
package chapter06;
/* *
* MoreException. java
* 依次显示 ArithmeticException 异常、ArrayIndexOutOfBoundsException 异
常和 Exception 异常的信息
*/
public class MoreException{
static void exception(int i){
    try{
        if(i ==0){
        System. out. println("正常");
        return;
        }else if(i ==1){
            int a =0;
            int b =100/a;
        }else if(i ==2){
            int dog[] =new int[3];
            dog[3] =4;
        }
    }catch(ArithmeticException ae){
        System. out. println("算术异常:" +ae);
    }catch(ArrayIndexOutOfBoundsException aie){
        System. out. println("数组下标越界异常:" +aie);
    }catch(Exception e){
        System. out. println("捕获异常:" +e);
    }finally{
        System. out. println("必须执行的 finally. ");
    }
}
public static void main(String[]args){
    exception(0);
    exception(1);
    exception(2);
```

```
        exception(3);
    }
}
```

2. 解释用户自定义异常及应用。

```
package chapter06;
class MyException extends Exception{
    private String str;
    MyException(String s){
    str = s;
    }
    String getstr(){
    return str;
    }
    void setstr(String s){
        str = s;
    }
}
public class MyExceptionDemo{
    public static void main(String []args){
        try{
            throw new MyException("MyException occur!");
        }catch(MyException e){
        String ss = e. getstr();
        System. out. println("My exception message :" + ss);
        }
    }
}
```

第7章 输入/输出及文件处理

一、选择题

1. D   2. B   3. D

二、读程序题

1. 运行下面的程序, 若从键盘上输入12345后回车, 程序输出的是什么?

```
package chapter07;
import java. io. * ;
public class Class1{
public static void main(String args[ ]){
byte buffer[ ] = new byte[128];
  int n;
  try{
  n = System. in. read(buffer);
  for(int i = 0;i < n;i ++)
  System. out. print((char)buffer[n - i -1]);
  }catch(IOException e){
System. out. print(e);
  }
 }
}
```

程序输出的是：

```
12345
54321
```

2. 下面的程序编译运行后的输出结果是什么？（注意，运行时文件要在工程项目的目录下。）

```
import java. io. * ;
public class Class2{
    public static void main(String args[ ]){
    byte buf[ ] = new byte[2500];
    int b;
    try{
      FileInputStream fis = new FileInputStream("Class2. java");
      b = fis. read(buf,0,15);
      String str = new String(buf,0,b);
      System. out. print(str);
    }catch(IOException e){
    }
  }
}
```

程序运行效果为：

```
package chapter;
```

第 8 章　多线程

一、选择题

1. B　2. D　3. C

二、读程序题

下面程序的输出结果是什么？

```java
package chapter08;
public class MyThread extends Thread{
int count =1,number;
public MyThread(int num){
   number =num;
System.out.println("创建线程"+number);}
public void run(){
   while(true){
      System.out.println("线程"+number+":计数"+count);
if(++count==6)  return;
   }
}
public static void main(String args[]){
   for(int i=0;i<5;i++)
      new MyThread(i+1).start();
}
}
```

程序运行结果是：

```
创建线程1
创建线程2
线程1:计数1
线程1:计数2
线程1:计数3
线程1:计数4
线程1:计数5
创建线程3
线程2:计数1
```

线程2:计数2

线程2:计数3

线程2:计数4

创建线程4

线程3:计数1

线程3:计数2

线程3:计数3

线程3:计数4

线程2:计数5

线程3:计数5

创建线程5

线程4:计数1

线程4:计数2

线程4:计数3

线程4:计数4

线程4:计数5

线程5:计数1

线程5:计数2

线程5:计数3

线程5:计数4

线程5:计数5

第9章　常用实用类

一、选择题

1. B　　2. D　　3. D　　4. B　　5. C

二、编程题

1. 编写程序，完成一个如图所示的界面布局。

参考代码如下：

```java
package chapter09;
import java.awt.*;
import javax.swing.*;
public class LayoutExer1 extends JFrame{
    JPanel contentPane, top,bottom,topLeft,topRight,p3;
    GridLayout grid;
    public LayoutExer1(){
        super("布局管理的综合应用");
        this.setLocation(500,300);
        //在屏幕(500,300)坐标处显示计算器
        this.setResizable(false);
        Container c = getContentPane();
        c.setLayout(new BorderLayout());//将 con 设置为边界布局
        top = new JPanel();
        bottom = new JPanel();
        topLeft = new JPanel();
        topRight = new JPanel();
        p3 = new JPanel();
        JComboBox JC = new JComboBox();//创建组合框 JC
        JC.addItem("下拉列表");
        grid = new GridLayout(2,1);
        c.add(top,"Center");
        c.add(bottom,"South");
        bottom.setLayout(new GridLayout(1,1));
        bottom.add(new JTextField("单行文本",26));
        top.setLayout(new GridLayout(1,2));
        top.add(topLeft);
        top.add(topRight);
        topLeft.setLayout(new GridLayout(1,1));
        topLeft.add(new JTextArea("文本框"));
        //在 topLeft 上添加一个文本区
        topRight.setLayout(new GridLayout(3,1));
//将 topRight 设置为三行一列的网格布局
        topRight.add(new JButton("Button1"));
        topRight.add(p3);
        topRight.add(JC);
```

```
        p3. setLayout (new GridLayout (1,2));
        p3. add (new JButton ("Button2"));
        p3. add (new JButton ("Button3"));
    }
    public static void main (String args[ ]){
        LayoutExer1 frame = new LayoutExer1 ();
        frame. setDefaultCloseOperation (EXIT_ON_CLOSE);
        frame. setSize (320,200);
        frame. setVisible (true);
    }
}
```

2. 设计一个带有菜单的图形用户界面，使用级联菜单控制文字的字体和颜色。

```
package chapter09;
import javax. swing. *;
import java. awt. *;
import java. awt. event. *;
public class MenuExer2 extends JFrame implements ActionListener{
    JMenuBar jmb = new JMenuBar ();//创建菜单栏
    JMenu fontmenu = new JMenu ("字体");//创建菜单
    JMenu helpmenu = new JMenu ("帮助");
    JMenu stylemenu = new JMenu ("样式");
    JMenu colormenu = new JMenu ("颜色");
    JMenuItem exitmenu = new JMenuItem ("退出");//创建菜单项
    JMenuItem aboutmenu = new JMenuItem ("关于");
    JCheckBoxMenuItem boldMenuItem = new JCheckBoxMenuItem ("粗体");
    //创建复选菜单项
    JCheckBoxMenuItem italicMenuItem = new JCheckBoxMenuItem ("斜体");
    JMenuItem redmenu = new JMenuItem ("红色");
    JMenuItem bluemenu = new JMenuItem ("蓝色");
    JMenuItem greenmenu = new JMenuItem ("绿色");
    JTextArea textDemo = new JTextArea ("此乃示例文字!");
    int bold,italic;
    public MenuExer2 (){             //构造方法
        this. setJMenuBar (jmb);   //将菜单栏设置为窗口的主菜单
```

```
        jmb. add(fontmenu);        //将菜单项加入菜单
        jmb. add(helpmenu);
        fontmenu. add(stylemenu);
        fontmenu. add(colormenu);
        fontmenu. addSeparator();    //添加分隔线
        fontmenu. add(exitmenu);
        helpmenu. add(aboutmenu);
        stylemenu. add(boldMenuItem);//将复选菜单项加入"样式"菜单
        stylemenu. add(italicMenuItem);
        colormenu. add(redmenu);//将菜单项加入"颜色"菜单
        colormenu. add(bluemenu);
        colormenu. add(greenmenu);
        italicMenuItem. addActionListener(this);//为菜单注册监听器
        boldMenuItem. addActionListener(this);
        redmenu. addActionListener(this);
        bluemenu. addActionListener(this);
        greenmenu. addActionListener(this);
        exitmenu. addActionListener(this);
        this. getContentPane(). add(textDemo);
        this. setTitle("菜单控制字体和颜色");
        this. setSize(350,250);
        this. setVisible(true);
        this. setDefaultCloseOperation(JFrame. EXIT_ON_CLOSE);
    }
    public void actionPerformed(ActionEvent e){//菜单事件处理方法
        if(e. getActionCommand(). equals("红色"))
            textDemo. setForeground(Color. red);
        else if(e. getActionCommand(). equals("蓝色"))
            textDemo. setForeground(Color. blue);
        else if(e. getActionCommand( ). equals("绿色"))
            textDemo. setForeground(Color. green);
        if(e. getActionCommand(). equals("粗体"))
            bold = (boldMenuItem. isSelected()? Font. BOLD:Font. PLAIN);
        if(e. getActionCommand(). equals("斜体"))
                italic = (italicMenuItem. isSelected ( )? Font. ITALIC:
Font. PLAIN);
            textDemo. setFont(new Font("Serif",bold + italic,14));
```

```
        if(e.getActionCommand().equals("退出"))
            System.exit(0);
    }
  public static void main(String[]args){
    MenuExer2   tm = new MenuExer2();
    }
}
```

第 10 章　数据库编程

一、选择题

1. D　2. B　3. D　4. A　5. A

二、简答题

1. 说明 JDBC 编程的基本步骤。

与数据库相关的系统开发必须先建立数据库和表，然后在 Eclipse 中建立项目，引入驱动程序包，准备工作完成后，进入 JDBC 编程。JDBC 编程的基本步骤有 5 个：加载、注册驱动程序；建立数据库连接；执行 SQL 语句；处理结束；释放资源。

2. 说明 execute()、executeUpdate() 和 executeQuery() 的用法区别。

● Boolean execute(String sql) 允许执行查询语句、更新语句、DDL 语句。语句的返回值为 true 时，表示执行的是查询语句，可以通过 getResultSet 方法获取结果；返回值为 false 时，表示执行的是更新语句或 DDL 语句，可以通过 getUpdateCount 方法获取更新的记录数量。

● int executeUpdate(String sql) 执行给定 SQL 语句，该语句可能为 INSERT、UPDATE 或 DELETE 语句，或者不返回任何内容的 SQL 语句（如 SQL DDL 语句），语句的返回值是更新的记录数量。

● ResultSet executeQuery(String sql) 执行给定的 SQL 语句，该语句返回单个 ResultSet 对象。

参 考 文 献

［1］孙修东，等 . Java 程序设计任务驱动式教程［M］. 2 版 . 北京：北京航空航天大学，2013.

［2］刘志成 . Java 程序设计实例教程［M］. 北京：人民邮电出版社，2010.

［3］王希军 . Java 程序设计案例教程［M］. 北京：北京邮电大学出版社，2012.

［4］郑莉，等 . Java 语言程序设计［M］. 北京：清华大学出版社，2007.

［5］贾振华 . Java 语言程序设计［M］. 北京：中国水利水电出版社，2006.

［6］匡松，等 . 百问百例 Java 语言程序设计［M］. 北京：中国铁道出版社，2009.

［7］陈艳平 . SQL Server 数据库技术及应用［M］. 北京：北京理工大学出版社，2014.

［8］Bruce Eckel. Java 编程思想［M］. 3 版 . 陈昊鹏，译 . 北京：机械工业出版社，2006.

［9］王建红 . Java 程序设计［M］. 北京：高等教育出版社，2007.

［10］赵国玲 . Java 语言程序设计［M］. 北京：机械工业出版社，2004.

［11］James Gosling，Bill Joy，等 . Java 语言规范［M］. 3 版 . 陈昊鹏，译 . 北京：机械工业出版社，2006.